맛있는 요리를 만드는 레시피가 있는 것처럼 웃음, 힐링, 성장을 만드는 레시피도 있을까요?
레시피팩토리는 모호함으로 가득한 이 세상에서 당신의 작은 행복을 위한 간결한 레시피가 되겠습니다.

매일 만들어 먹고 싶은

비건·한식

비건 한식은 몸과 마음을 건강하게 하는 우리의 채식입니다

음식을 대하는 마음가짐

2008년 사찰 채식을 배우기 위해 다니던 직장을 그만두었습니다. 절에서 음식을 배우면서 스님들과 예불을 하고 좋은 말씀을 듣다보니 자연스레 마음에 작은 울림이 생겼지요. 그 채식은 저에게 단순한 음식을 넘어 긴 여운을 안겨준 스승과 같았습니다. 사찰 음식의 가르침 중 제가 제일 좋아하는 것은 식사하는 마음가짐을 나타낸 '오관계'입니다.

'마음의 온갖 욕심 버리고 건강을 유지하는 약으로 알아 오로지 도업을 이루고자 이 공양을 받습니다.' 음식을 먹는 것을 단지 배를 채우기 위한 행위가 아닌 하나의 수행으로 보는 것이지요. 비단 사찰 음식에만 해당되는 내용은 아닙니다. 지역에서 전통적으로 내려오는 향토 음식, 궁에서 왕가 사람들이 먹던 궁중 음식, 사대부 양반가의 반가 음식 등 모든 우리 전통 음식은 한 가지의 뜻을 같이합니다. 바로 음식을 먹음으로써 기운을 차리고 건강을 유지하는 것, 이번에 소개하는 '비건 한식' 또한 다르지 않습니다.

사찰 음식에서 비건 한식으로

아직까지 채식이라고 하면 병아리콩, 아보카도 같은 외국 식재료를 이용한 요리를 떠올리는 분들이 많습니다. 비건 레스토랑만 봐도 샐러드, 파스타, 피자 등의 서양 요리를 판매하는 곳이 대부분이지요. 사찰 음식은 우리 땅에서 자란 재료로 만드는 자연스러운 우리의 채식입니다. 우리에게도 이렇게 좋은 채식이 있다는 것을 널리 알리고 싶었어요. 그래서 이 책을 쓰게 되었습니다.

이번 책에는 일상에서 더 많은 식탁에 오를 수 있도록, 기존 사찰 음식에 비해 쉽고 대중적인 요리를 선별해 담았습니다. 그리고 더 많은 분들을 만나길 바라는 마음으로 사찰 음식보다 넓은 의미인 '비건 한식'이라는 새 이름표를 달아주었지요. 비건 한식은 단순히 '한식 채소 요리'를 넘어 우리와 근간을 같이하는, 우리에게 잘 맞고 우리와 닮은 음식입니다. 불교인이 아니라도, 채식인이 아니라도 누구나 즐길 수 있는 몸과 마음을 건강하게 하는 우리의 채식입니다.

우리 모두를 위한 채식

육류 소비량이 많은 현대 식문화에서는 온실가스 배출, 더 좋은 고기를 많이 키우기 위한 유전자 조작 등 무분별한 축산업에 따른 환경 문제가 심각하게 나타나고 있습니다. 흔히 말하는 '내가 먹는 것이 나를 만든다'를 넘어 이제는 '내가 먹는 것이 내가 사는 곳을 바꾼다'는 것을 인지해야 합니다. 내가 사는 곳, 그 땅에서 먹거리가 자라고 그것을 내가 다시 먹는 과정이 선순환이 되도록 노력할 필요가 있습니다.

그렇지만 무조건 채식을 강요하는 것은 아닙니다. 저도 두 아이를 키우는 아빠이자 셰프로서 모든 이들에게 채식을 강요할 순 없었습니다. 다만 가족들에게 자연스럽게, 꾸준히 채식을 접하게 했더니 이제는 아이들이 먼저 찾습니다. 그 덕분인지 어릴 적 가지고 있던 아토피도 사라졌고 건강하게 자라고 있지요. 아내 또한 속이 편안해지고 몸이 달라지는 것을 느낀다고 말합니다. 우리 가족에게 그랬던 것처럼, 자연 그대로의 맛을 살린 비건 한식이 조금이나마 독자님들의 몸과 마음을 편하게 해주기를, 나아가 가정에 평안을 가져다주기를 기원합니다.

2022년 가을, 셰프 정재덕

비건 한식 이해하기

abc 가이드

a advanced level
준비 과정이 다소 많지만
도전할 만한 맛있는 레시피

b beginner level
재료, 조리법이 모두 간단한
초보자를 위한 쉬운 레시피

c choice recipe
저자가 특히 추천하는 레시피

이 책의 모든 레시피는요!

☑ **표준화된 계량도구를 사용했습니다.**

- 1컵은 200㎖, 1큰술은 15㎖, 1작은술은 5㎖ 기준입니다.
- 계량도구 계량 시 윗면을 평평하게 깎아 계량해야 정확합니다.
- 밥숟가락은 보통 12~13㎖로 계량스푼(큰술)보다 작으니
  감안해서 조금 더 넉넉히 담아야 합니다.

☑ **채소는 중간 크기를 기준으로, 채수는 넉넉하게 제시했습니다.**

- 오이, 당근, 가지, 호박, 감자 등 개수로 표시된 채소는
  너무 크거나 작지 않은 중간 크기를 기준으로 개수와 무게를 표기했습니다.
- 레시피의 채수는 대부분 완성량을 넉넉히 제시했으니 사용하고 남은 채수는
  냉장고에 보관했다가 활용하세요.

1

밥과 죽 한 그릇

2

면
과
별
식
한
그
릇

비건 한식 이해하기

알아두면 좋은

제철 재료와 기본 양념 이야기

비건 한식이란 말 그대로 '식물성 식재료로 만든 한식 채식 요리'를 의미합니다. 우리나라의
대표적인 채식 요리로는 사찰 음식이 있는데요, 사찰 음식은 흔히 말하는 채식과 결이 조금
다릅니다. 산과 들에서 나는 제철 재료를 최소한의 양념을 가지고 소박하게 요리하되
마음의 평안을 방해하는 맛과 향이 강한 오신채는 사용하지 않지요.
이 책의 비건 한식은 바로 그 사찰 음식에서 시작합니다. 그래서 누구나 좋아할 만한 현대화된
사찰 음식을 구하기 쉬운 재료로 만드는 방법을 소개하고, 매일 가정에서 즐길 수 있도록
안내하며, 그로 인해 몸은 물론 마음까지 건강하게 하는데 보탬이 되고자 합니다.

우리 땅에서 자란 제철 재료를 사용합니다

사찰 음식은 사찰이 위치한 지역에서 생산되는 농산물, 주변 산과 들에서 계절마다 자연스럽게
자라는 나물을 재료로 사용합니다. 우리 땅에서 자란 농산물이 우리에게 가장 잘 맞고 몸과
마음을 편안하게 하기 때문이지요. 이 책에 소개된 요리 또한 우리 땅에서 자연스럽게 자라는
재철 재료를 우선으로 사용합니다.

쉬운 재료로 특별한 요리를 완성합니다

이름도 생소한 수입 재료가 아닌 계절마다, 언제든 마트에서 쉽게 구할 수 있는 재료를
우선으로 사용합니다. 재료가 쉬운 대신 감자투성이(132쪽), 사찰식 보양탕(211쪽) 등
사찰식과 전통 한식을 베이스로 일상에서 쉽게 접해보지 못한 메뉴를 적절히 소개함으로써
배움의 욕구를 충족시키고 책의 소장 가치를 높였습니다.

몸은 물론 마음의 평안을 줍니다

비건 한식은 사찰 음식을 베이스로 하기 때문에 오신채(五辛菜)를 사용하지 않습니다. 오신채는
맛과 향이 자극적인 다섯 가지 재료를 말하며 마늘, 파, 부추, 달래, 흥거가 여기에 속하는데,
사찰에서는 오신채를 '익혀 먹으면 음란한 마음이 일고 생 것으로 먹으면 성내는 마음이
더해진다'며 수행을 방해하는 재료로 규정합니다. 이 책에서도 재료 본연의 맛을 가리고
정서적 동요를 일으킬 수 있는 오신채를 기본적으로는 사용하지 않으나 기호에 따라 더해도
괜찮습니다. 하지만 그대로도 충분히 맛이 좋으니 재료 자체의 맛을 즐기길 추천합니다.

기본 양념을 최소한으로 사용합니다

몸과 마음이 편해지는 비건 한식에 인공적인 맛을 내는 조미료를 가미할 수는 없는 법.
사찰 음식만의 천연 양념과 정재덕 셰프의 노하우로 정갈한 맛을 살렸습니다. 고추장, 간장,
소금, 참기름과 들기름 등 어느 집에나 있는 기본 양념만을 사용하기 때문에 누구나 쉽게
요리할 수 있으며 재료 본연의 맛을 최대한 살리기 위해 양념은 적은 양만 사용합니다.

채식이지만 영양이 부족하지 않습니다

채식은 자칫 조금만 신경을 덜 쓰면 단백질, 지방 섭취가 부족해지기 쉽습니다.
이 책에서 소개하는 메뉴는 백태콩, 완두콩, 강낭콩 등 다양한 콩류와 두부류를
적극 사용해 단백질을 늘리고, 들기름과 참기름, 올리브유 등 식물성 기름을 통해 몸에 좋은
불포화지방산을 섭취할 수 있습니다.

제철에 먹으면 더 맛있는 재료들

봄

산과 들에 향긋한 봄나물
내음이 가득한 계절입니다.
비타민과 무기질이 풍부한
봄나물로 나른한 봄날의 피로를
싹 날려버리세요.

냉이, 쑥, 달래, 유채, 취나물, 참나물,
미나리, 세발나물, 봄동, 머위,
죽순, 두릅, 고사리, 톳

여름

무더위에 맞서기 위해
땅에서는 수분이 많은 열매들이
열립니다. 아래의 재료를 이용해
새콤한 비빔국수나 시원한 냉국을
만들어보세요.

감자, 애호박, 오이, 가지, 피망,
파프리카, 고추, 곤드레, 깻잎, 깻잎순,
호박잎, 열무, 옥수수, 다시마

겨울

뜨거운 여름을 견디고 가을 햇빛에
영양분을 저장한 겨울의 식재료는
풍부한 영양으로 추운 겨울을
날 수 있도록 도와줍니다.

시금치, 브로콜리,
양배추, 배추, 무, 시래기

가을

수확의 기쁨과 곡식이 넘쳐나는 가을.
제철 맞은 버섯은 저마다의 모양으로
토실토실 살을 찌우고, 뿌리채소들은
단단하게 익어갑니다.

아욱, 표고버섯, 목이버섯, 새송이버섯,
양송이버섯, 느타리버섯, 팽이버섯,
연근, 우엉, 고구마, 단호박,
늙은호박, 더덕, 수삼, 밤,
호두, 은행, 잣

매실청

유자청

천일염

조청

흑설탕

황설탕

밀가루

들깻가루

멥쌀가루

고춧가루

찹쌀가루

메밀가루

참기름

흑임자가루

들기름

14

자주 사용하는 기본 양념들

소금
이 책에서는 구운 소금(가는 것)을 기본으로 사용해요. 구운 소금은 천일염을 400℃ 이상에서 구워 해로운 성분은 없어지고 나트륨 함량이 낮아져 깔끔한 맛을 낼 수 있습니다. 재료를 절일 때는 굵은 소금인 천일염을 사용해요.

설탕
되도록 비정제 설탕을 사용하길 추천합니다. 비정제 설탕은 정제 과정을 거치지 않아 미네랄과 천연 성분이 남아있어 백설탕에 비해 건강하지요. 요리에 따라 절임류에는 황설탕을 사용하고, 잡채나 약밥 등 진한 색을 내는 음식에는 흑설탕을 씁니다.

단맛 재료
단맛 중에서도 향긋한 맛을 내는 매실청은 비빔국수나 무침 같이 은은하게 새콤한 맛을 더할 때 사용하면 풍미를 살릴 수 있고, 샐러드 드레싱 등에는 유자청을 사용하면 잘 어울려요. 윤기를 줄 때는 조청이나 물엿을 사용하는데, 이왕이면 쌀을 이용해 만들어 곡류의 풍미를 가지고 있고 물엿보다 정제 과정을 덜 거친 조청을 사용하기를 권합니다.

고춧가루
고운 고춧가루는 굵은 고춧가루에 비해 좀 더 진한 색과 깊은 맛을 줍니다. 조림, 무침, 국물 요리 등 대부분의 요리에는 고운 고춧가루를 사용하고, 김치를 담글 때는 굵은 고춧가루를 넣습니다.

쌀가루
일반적인 쌀가루는 멥쌀가루를 말하며 증편이나 송편 등을 만들 때 사용하고, 옹심이, 찰떡, 인절미 등 쫄깃한 식감을 낼 때는 찹쌀가루를 씁니다. 쌀가루는 또 건식과 습식으로 나뉘는데 주로 떡을 만들 때 습식 쌀가루를 사용합니다. 일반 마트에서 판매하는 것은 건식 쌀가루이며, 수분을 머금고 있는 습식 쌀가루는 방앗간이나 온라인에서 구입할 수 있습니다. 이 책에서 습식 쌀가루를 사용하는 경우 '떡집용'으로 표기했습니다.

밀가루
일반적인 밀가루는 밀의 껍질을 제거해 분쇄한 것으로 색이 하얗고 부드러우며 치댈수록 쫄깃한 식감을 내요. 그러나 건강을 위해서는 도정을 덜 한 통밀가루를 추천합니다. 우리나라 토종밀인 앉은뱅이 밀은 단백질 함량이 낮아 소화가 잘 되는데, 이것으로 만든 앉은뱅이 밀가루도 추천해요.

기타 가루
들깻가루는 찜, 무침, 국물 요리 등에 더해 구수한 맛을 내는데, 국물 요리에 더할 때는 걸쭉해질 수 있으니 양에 주의합니다. 고소한 맛을 내는 흑임자가루는 주로 후식류에 잘 어울립니다. 메밀가루는 수제비나 전병 등의 반죽에 사용하면 구수한 맛이 좋습니다.

기름
들기름은 참기름보다 발연점이 높기 때문에 불조리를 할 때는 들기름이 적합합니다. 반대로 참기름은 열을 가하면 향이 쉽게 날아가기 때문에 무침 요리 등의 마지막에 더하는 것이 좋지요. 이 책에서는 불조리를 할 때 주로 식용유와 들기름을 섞어 사용해 들기름의 향을 내면서 발연점을 더 높였습니다.

기본 썰기

1 칼집을 낸 후 칼을 눕혀서 넣는다.
2 칼을 위아래로 움직이며 균일한 두께로 돌려 깎는다.
3 씨 부분이 나올 때까지 반복하고 씨는 사용하지 않는다.

무 빗겨 썰기

1 무의 모서리 부분을 연필을 깎듯이 깎는다.

단호박 껍질 벗기기

1 단호박을 2등분한 후 숟가락으로 씨를 파낸다.
2 자른면이 바닥에 닿도록 뒤집은 후 껍질을 저미듯이 벗긴다.
· 단호박을 전자레인지에 4분 정도 돌리면 껍질이 잘 벗겨져요.

1 길게 2등분한다.
2 숟가락으로 씨를 파낸다.
3 2등분한 후 얇게 채 썬다.

고명 만들기

1 대추 씨에 칼이 닿을 때까지 칼을 넣어 돌려 깎는다.
2 대추를 펼친 후 씨를 제거한다.
3 풀리지 않도록 힘있게 돌돌 만다.
4 칼로 얇게 썬다.

1 고깔이 있는 경우 고깔을 손으로 떼어낸다.
2 키친타월에 잣을 올린 후 다시 키친타월로 덮는다.
3 키친타월 위로 다진다. • 잣이 튀지 않고 뭉치지 않으면서 잘 다져져요.

1

밥과 죽 한 그릇

반찬이 없어도 충분한

한 그릇 밥, 김밥, 죽

무
밥

😊 2~3인분
⏰ 35~40분
(+ 쌀 불리기 30분)

감
자
보
리
밥

😊 2~3인분
⏰ 35~40분
(+ 쌀 불리기 30분)

- 쌀 2컵(320g)
- 무 지름 10cm 두께 2cm(200g)
- 표고버섯 1개(25g)
- 들기름 1큰술
- 물 1과 1/2컵(300mℓ)

양념장
- 양조간장 4큰술
- 생수 1큰술
- 들기름 1큰술
- 고춧가루 1/2작은술
- 통깨 1작은술
- 다진 고추 1개분

1 쌀은 씻어서 30분간 불린 후 체에 밭쳐 물기를 뺀다.

2 무는 0.5cm 두께로 채 썰고, 표고는 밑동을 뗀 후 0.2cm 두께로 썬다.

3 냄비에 쌀, 물(1과 1/2컵)을 붓고 무, 표고버섯을 넣은 후 뚜껑을 덮는다.
센 불에서 1분간 끓여 끓어오르면 중간 불로 줄여 2분, 약한 불에서
15분간 더 끓인 후 불을 끄고 5~10분간 그대로 뜸을 들인다.

4 완성된 밥을 골고루 섞어 그릇에 담고 양념장을 섞어 곁들인다.

- 쌀 1컵(160g)
- 찰보리쌀 1/2컵(80g)
- 감자 1개(200g, 또는 고구마, 단호박)
- 물 1과 1/4컵(250mℓ)

1 쌀, 찰보리쌀은 씻어서 30분간 불린 후 체에 밭쳐 물기를 뺀다.

2 감자는 필러로 껍질을 벗겨 한입 크기로 작게 썬다.

3 냄비에 쌀, 찰보리쌀, 물(1과 1/4컵), 감자를 넣고 뚜껑을 덮는다.

4 센 불에서 1분간 끓여 끓어오르면 중간 불로 줄여 2분, 약한 불에서
15분간 더 끓인다. 불을 끄고 5~10분간 그대로 뜸을 들인 후 골고루
섞는다.

(tip) 무밥의 양념장을 곁들여도 좋아요.

뿌
리
채
소
곤
약
밥

☺ 2~3인분

⏱ 35~40분
(+ 쌀 불리기 30분)

김
치
밥

☺ 2~3인분

⏱ 35~40분
(+ 쌀 불리기 30분)

- 쌀 1과 1/2컵(240g)
- 곤약쌀 1/2컵(80g, 또는 쌀)
- 연근 1/4개(50g)
- 우엉 1/3개(40g)
- 당근 1/5개(40g)
- 감자 1/3개(60g)
- 다시마 4×4cm 1장
- 물 1과 1/2컵(300㎖)

tip 곤약쌀은 대형마트, 인터넷을
통해 구입할 수 있어요.

만
들
기

1 쌀은 씻어서 30분간 불린 후 체에 밭쳐 물기를 뺀다. 곤약쌀은 2~3번
  헹궈서 특유의 냄새를 제거한 후 체에 밭쳐 물기를 뺀다.

2 연근, 우엉, 당근, 감자는 필러로 껍질을 벗긴 후 한입 크기로 작게 썬다.

3 냄비에 쌀, 곤약쌀, 물(1과 1/2컵)을 붓고 다시마, ②의 뿌리채소를
  넣은 후 뚜껑을 덮는다.

4 센 불에서 1분간 끓여 끓어오르면 중간 불로 줄여 2분, 약한 불에서 15분간
  더 끓인다. 불을 끄고 5~10분간 그대로 뜸을 들인 후 골고루 섞는다.

재
료

- 쌀 1과 1/2컵(240g)
- 익은 배추김치 1컵(150g)
- 미나리 3줄기
- 들기름 1작은술
- 통깨 1/2작은술
- 물 1과 1/4컵(250㎖)

만
들
기

1 쌀은 씻어서 30분간 불린 후 체에 밭쳐 물기를 뺀다.

2 배추김치는 속을 털어내고 1×1cm로 썬다. 달군 팬에 들기름을
  두르고 배추김치를 넣어 센 불에서 30초간 볶는다.

3 냄비에 쌀, 물(1과 1/4컵), 배추김치를 넣고 뚜껑을 덮는다. 센 불에서
  1분간 끓여 끓어오르면 중간 불로 줄여 2분, 약한 불에서 15분간 더
  끓인다. 불을 끄고 5~10분간 그대로 뜸을 들인 후 골고루 섞는다.

4 미나리는 송송 썰어 완성된 밥에 올리고 통깨를 뿌린다.

버섯솥밥

버섯은 사찰 음식에서 약방의 감초 같은 역할을 해요. 동물성 재료를
쓰지 않는 사찰 음식에서 중요한 단백질 급원이기 때문이지요.
버섯을 듬뿍 넣고 만든 솥밥을 소개합니다.

1 쌀은 씻어서 30분간 불린 후 체에 밭쳐 물기를 뺀다.

2 당근은 사방 0.5cm 크기로 썬다.

😊 2~3인분

🕐 35~40분(+ 쌀 불리기 30분)

재
료

- 쌀 1과 1/2컵(240g)
- 표고버섯 3개(75g)
- 느타리버섯 1/2줌(25g)
- 팽이버섯 1/2줌(25g)
- 당근 1/8개(25g)
- 물 1과 1/4컵(250㎖)

양념장
- 양조간장 2큰술
- 고춧가루 1/2큰술
- 통깨 1/2큰술
- 매실청 1/2큰술
- 들기름 1큰술

3 표고버섯은 밑동을 제거한 후 0.3cm 두께로 썬다. 팽이버섯은 2등분하고, 느타리버섯은 결대로 찢는다.

4 냄비에 쌀, 물(1과 1/4컵)을 붓고 뚜껑을 덮는다. 센 불에서 1분간 끓여 끓어오르면 중간 불로 줄여 2분, 약한 불에서 15분간 더 끓인다.

5 불을 끄고 버섯, 당근을 올린 후 5~10분간 뜸을 들인다. 완성된 밥을 골고루 섞어 그릇에 담고 양념장을 섞어 곁들인다.

(tip) 버섯은 다른 버섯으로 대체하거나 한 종류만 사용해도 좋아요. 한 종류만 사용할 경우 버섯 전체 중량과 동일하게 맞춰요.

(1+1) **응용하기** 양념장에 청양고추를 다져 넣으면 매콤하게 즐길 수 있어요.

곤
드
레
현
미
밥

5~6월이 제철인 곤드레는 나물이나 밥으로 많이 접하게 되지요. 곤드레에는
칼슘과 철분이 많이 함유되어 있어 성장기 아이들에게도 좋은 재료랍니다.

1 쌀, 현미는 씻어서 30분간 불린 후 체에 밭쳐 물기를 뺀다.

2 삶은 곤드레는 찬물에 헹궈 물기를 짠 후 2~3cm 길이로 썬다.

☺ 2~3인분

⏱ 35~40분(+ 쌀 불리기 30분)

재
료

- 쌀 1컵(160g)
- 현미 1/2컵(80g)
- 삶은 곤드레 150g(또는 다른 삶은 나물)
- 국간장 1/2큰술
- 들기름 1큰술
- 물 1과 1/4컵(250㎖)

양념장
- 양조간장 2큰술
- 생수 2큰술
- 들기름 1/2큰술
- 고춧가루 1/3작은술
- 통깨 1/2작은술

3 볼에 곤드레, 국간장, 들기름을 넣고 버무린다.

(tip) 말린 곤드레를 사용할 경우 6시간 정도 물에 불린 후 40분간 삶아서 사용해요. 이때 설탕 1/2큰술을 넣으면 나물의 묵은내를 없앨 수 있어요.

(응용) 응용하기 양념장에 달래나 부추를 송송 썰어 더하면 향긋하게 즐길 수 있어요.

4 냄비에 쌀, 현미, 물(1과 1/4컵), 곤드레를 넣고 뚜껑을 덮는다. 센 불에서 1분간 끓여 끓어오르면 중간 불로 줄여 2분, 약한 불에서 15분간 더 끓인다.

5 불을 끄고 5~10분간 그대로 뜸을 들인다. 완성된 밥을 골고루 섞어 그릇에 담고 양념장을 섞어 곁들인다.

더덕 약고추장 솥밥

레시피 30쪽

더덕 특유의 향을 좋아하는 분들이 많은데요, 색다르게 먹을 수 있는 방법이 없을까 생각하다가
고추장 더덕구이에 밥을 올려 맛있게 먹은 기억이 떠올라 이 메뉴를 만들었습니다.

다
시
마
쌈
영
양
찰
밥

레시피 32쪽

다시마에 풍부한 알긴산은 지방의 흡수를 방해해 다이어트에 도움을 주고 식이섬유가 풍부해
변비 예방에도 효과가 있어요. 다시마를 생으로 먹기는 어렵기 때문에 다시마의 영양을 듬뿍
담은 영양밥을 준비했습니다.

더
덕
약
고
추
장
솥
밥

만
들
기

😊 2~3인분

🕐 45~55분(+ 쌀 불리기 30분)

재
료

- 쌀 2컵(320g)
- 더덕 4~5개(150g)
- 표고버섯 2개(50g)
- 당근 1/5개(40g)
- 청고추 1/2개
- 홍고추 1/2개
- 들기름 1큰술
- 물 1과 1/2컵(300㎖)

볶음유
- 식용유 1큰술
- 들기름 1큰술

고추장 양념장
- 고추장 3큰술
- 설탕 1/2큰술
- 통깨 1큰술
- 물 2큰술
- 국간장 1/4작은술

1 쌀은 씻어서 30분간 불린 후 체에 밭쳐 물기를 뺀다.

2 더덕은 씻은 후 장갑을 끼고 필러로 껍질을 벗긴다.
- 껍질을 벗긴 더덕은 물에 닿으면 고유의 향이 날아가요.

3 면포(또는 종이호일)에 더덕을 올린 후 밀대로 밀어 편다.

4 더덕은 결대로 찢어 들기름(1큰술)을 넣고 버무린다.

5 밑동 뗀 표고버섯, 당근, 청고추, 홍고추는 잘게 다진다.

6 냄비에 쌀, 물(1과 1/2컵)을 넣고 뚜껑을 덮는다. 센 불에서 1분간 끓여 끓어오르면 중간 불로 줄여 2분, 약한 불에서 15분간 더 끓인다.

7 불을 끄고 더덕, 당근, 표고버섯 1/2분량, 청고추, 홍고추를 넣고 뚜껑을 덮은 후 10분간 뜸을 들인다.

8 달군 팬에 볶음유, 다진 표고버섯 1/2분량을 넣고 중간 불에서 10초간 볶은 후 고추장 양념장 재료를 넣어 20초간 볶는다.

9 완성된 밥을 골고루 섞어 그릇에 담고 ⑧의 약고추장을 곁들인다.

(비) **응용하기** 손질한 더덕을 약고추장에 무쳐 더덕무침으로 먹어도 맛있고, 소면에 올려 더덕 비빔국수로 즐겨도 좋아요.

다시마쌈 영양찰밥

😊 2~3인분

⏰ 70~75분(+ 찹쌀 불리기 5시간)

재료

- 찹쌀 2컵(360g)
- 건나시마 15×20cm 3장
- 대추 3개
- 깐밤 3개
- 은행 9개
- 잣 1큰술
- 식용유 1작은술

소금물(찹쌀밥용)
- 물 1큰술
- 소금 1/4작은술

tip 대추, 밤, 은행 대신 콩이나 다른 잡곡을 넣어도 좋아요.

만들기

1 찹쌀은 씻어서 5시간 불린 후 체에 밭쳐 물기를 뺀다. 다시마는 물에 담가 10분간 불린 후 키친타월로 물기를 닦는다.

2 찜기에 젖은 면포를 깔고 찹쌀을 펼쳐 올린다. 찜냄비에 김이 오르면 찜기를 올리고 뚜껑을 덮어 센 불에서 20분간 찐다.

3 뚜껑을 열고 소금물을 골고루 뿌린다. 다시 뚜껑을 덮고 센 불에서 20분간 찐 후 한김 식힌다.

4 대추는 돌려 깎아 씨를 제거한 후 채 썬다.

5 밤은 한입 크기로 썬다.

6 팬에 식용유를 두르고 은행을
넣어 약한 불에서 은행이
투명해질 때까지 5~8분간
볶는다.

7 키친타월에 은행을 올린 후
비벼가며 껍질을 벗긴다.

8 불린 다시마 1장을 펼친 후 ③의
찹쌀 1/3분량을 올린다.

9 대추, 밤, 은행, 잣을 각각 1/3분량씩
올린 후 다시마를 접어 감싼다.
같은 방법으로 2개 더 만든다.

10 김이 오른 찜기에 다시마의 접힌 부분이 아래로 향하게 넣고
센 불에서 25분간 찐다. 그릇에 담은 후 다시마를 벗겨내고 먹는다.

단호박 약밥

달콤한 단호박에 영양 가득 약밥을 채워 넣었어요. 단호박 크기에
따라 익는 시간이 다르니 젓가락으로 찔러보며 시간을 조절하세요.
단호박에 넣지 않고 간단하게 약밥으로만 먹어도 맛있답니다.

1 찹쌀은 씻어서 5시간 불린 후
체에 밭쳐 물기를 뺀다.

2 찜기에 젖은 면포를 깔고 찹쌀을
펼쳐 올린다. 찜냄비에 김이 오르면
찜기를 올리고 뚜껑을 덮어
센 불에서 20분간 찐다. 소금물을
뿌린 후 뚜껑을 덮고 20분간 더 찐다.

😊 3~4인분

⏱ 70~75분(+ 찹쌀 불리기 5시간)

재
료

• 찹쌀 2컵(320g)
• 단호박 1개(약 1kg)
• 깐밤 3개
• 대추 3개

소금물(찹쌀밥용)
• 물 1큰술
• 소금 1/4작은술

양념
• 양조간장 1과 1/2큰술
• 참기름 2큰술
• 흑설탕 1/2컵

3 밤은 한입 크기로 썰고, 대추는 돌려 깎아 씨를 제거한 후 채 썬다.
단호박은 윗부분을 자르고 4등분한 후 씨를 제거한다.

4 볼에 ②의 찹쌀, 양념 재료를
넣고 섞는다.

5 밤, 대추를 넣고 섞은 후 단호박에
나눠 넣는다. 김이 오른 찜기에
넣고 중약 불에서 30분간 찐다.
• 단호박을 젓가락으로 찔렀을 때
부드럽게 들어가면 잘 익은 거예요.

양배추 볶음밥

양배추를 듬뿍 먹을 수 있는 메뉴예요. 냉장고 속 자투리 채소를
처리하기에도 좋답니다. 양배추를 너무 오래 볶으면 아삭한 식감이
없어지기 때문에 볶는 시간을 잘 지켜주세요.

1 양배추는 0.5cm 두께로 썬다.

2 당근은 0.5cm 크기로 굵게 다지고, 브로콜리는 한입 크기로 작게 썬다.

🙂 2~3인분

⏱ 15~20분

재
료

- 밥 2공기(400g)
- 양배추 6장(180g)
- 당근 1/7개(약 30g)
- 브로콜리 1/6개(50g)
- 양조간장 1큰술
- 소금 1/2작은술
- 통깨 1/3큰술

볶음유
- 식용유 1큰술
- 들기름 1큰술

3 달군 팬에 볶음유를 두른 후 양배추를 넣어 센 불에서 30초간 볶는다.

4 브로콜리, 당근을 넣고 센 불에서 1분간 볶는다.

5 밥을 넣고 섞은 후 양조간장, 소금, 통깨를 넣고 1분간 더 볶는다.

ⓣⓘⓟ 브로콜리나 당근 대신 감자, 애호박, 피망 등 냉장고 속 자투리 채소를 다양하게 활용하세요.

으깬 두부 강된장 비빔밥

입맛이 없을 때 이보다 더 좋은 음식이 있을까 싶어요. 채소를 싫어하는 아이들도 강된장을 조금 넣고 비벼주면 잘 먹는답니다. 건표고버섯을 사용하면 감칠맛과 쫄깃한 식감이 더욱 좋아요.

1 건표고버섯은 물에 담가
15~20분간 불린 후 물기를 뺀다.
건표고버섯, 새송이버섯,
애호박은 0.5cm 크기로 다진다.
• 표고버섯 불린 물 1컵을 덜어둬요.

2 홍고추와 청고추는
반을 갈라 씨를
제거하고 0.5cm
크기로 다진다.

😊 2~3인분

⏱ 25~30분

재
료

• 밥 2~3공기
• 두부 1/2모(150g)
• 건표고버섯 2개(또는 표고버섯)
• 새송이버섯 1개(80g)
• 애호박 1/3개(90g, 또는 무)
• 홍고추 2개
• 청고추 2개
• 고춧가루 1큰술
• 된장 3큰술
• 조청 2큰술(또는 올리고당)
• 통깨 1큰술
• 건표고버섯 불린 물 1컵(200㎖)

볶음유
• 식용유 1큰술
• 참기름 1큰술

3 두부는 칼 옆면으로 밀어 으깬다.

4 달군 냄비에 볶음유, 표고버섯,
새송이버섯, 애호박을 넣고
약한 불에서 2~3분간 볶은 후
고춧가루, 된장, 조청을 넣고
1분간 볶는다.

5 표고버섯 불린 물(1컵), 으깬 두부를
넣고 센 불에서 2~3분간 저어가며
끓인다. 홍고추, 청고추를 넣고
1분간 끓인 후 통깨를 뿌린다.
밥에 올려 비벼 먹는다.

우영잡채 덮밥

우엉의 아삭아삭한 식감이 특히 매력적인 메뉴예요.
우엉잡채를 밥에 얹으면 훌륭한 한 그릇 식사가 되고,
우엉잡채만 따로 담으면 멋진 일품 요리가 된답니다.

1 당면은 물에 담가 30분간 불린 후 체에 밭쳐 물기를 뺀다.
볼에 양념 재료를 넣고 섞는다.

😊 2~3인분

⏱ 20~25분(+ 당면 불리기 30분)

재
료

• 밥 1과 1/2공기(300g)
• 당면 1줌(100g)
• 우엉 지름 2cm 길이 18cm(140g)
• 표고버섯 2개(50g)
• 당근 1/7개(약 30g)
• 청피망 1/2개(50g, 또는 청고추)
• 홍피망 1/2개(50g, 또는 홍고추)
• 들기름 1큰술
• 통깨 1/2큰술

양념
• 양조간장 2큰술
• 국간장 1큰술
• 설탕 2큰술
• 조청 2작은술
• 통깨 1/2작은술
• 물 3/4컵(150㎖)

2 우엉은 필러로 껍질을 벗기고
길게 어슷 썬 후 가늘게 채 썬다.
식초물(물 1컵 + 식초
1/2작은술)에 5분간 담가
아린 맛을 뺀다.

3 표고버섯은 밑동을 떼고 0.5cm
두께로 썬다. 당근, 청피망,
홍피망은 0.3cm 두께로 채 썬다.

4 달군 팬에 들기름을 두르고
우엉을 넣어 중간 불에서 1분간
볶는다. 당면, 양념, 표고버섯을
넣고 4~5분간 더 볶는다.

5 당근, 청피망, 홍피망을 넣어 1분간
볶은 후 밥 위에 올리고 통깨를
뿌린다.

통오이김밥

등산을 다닐 때 오이와 김밥을 꼭 가지고 다녔는데, 이 둘을 합쳐도
좋을 것 같다는 생각에 만들게 됐어요. 너무 따뜻한 밥보다 미지근한
밥을 사용하는 것이 오이가 따뜻해지지 않아 더 맛있어요.

1 오이는 굵은 소금(1큰술)으로 껍질을 문질러 가시를 제거한다.
깨끗이 헹군 후 양끝을 자른다.

😊 2줄분

⏱ 20~25분

재
료

• 밥 1과 1/2공기(300g)
• 김밥 김 2장
• 오이 2개(400g)
• 쌈장 1~2큰술

밥 양념
• 참기름 1큰술
• 통깨 1/2큰술
• 소금 1/3작은술

2 밥에 밥 양념 재료를 넣고
섞는다.

3 도마에 랩을 깔고 김에 밥
1/2분량을 올려 골고루 펼친다.

(tip) 쌈장이 없는 경우 된장 3큰술,
고추장 1큰술, 참기름 1큰술,
설탕 1/3큰술, 조청 1/2큰술,
통깨 1/2큰술을 섞어 만들어요.

4 김을 뒤집어 밥 부분이 바닥으로 가도록 놓은 후 오이를 넣고 단단하게
만다. 같은 방법으로 1줄 더 만들고 먹기 좋게 썰어 쌈장을 곁들인다.

흑임자
떡김밥

흑임자 떡김밥은 대학교에서 한식 교수님께 배웠던 메뉴예요.
이름만 들었을 땐 생소한 조합이지만 떡과 김밥 재료가 절묘하게
잘 어울린답니다. 배추김치 대신 백김치를 사용해도 좋아요.

1 멥쌀가루를 체에 내린다.
물(2~3큰술)을 넣고 섞은 후
체에 한 번 더 내린다.

2 찜기에 젖은 면포를 깔고 설탕(3큰술)
을 뿌린다. 그 위에 멥쌀가루 1/3분량 →
흑임자가루 1/3분량 순으로 체에 내린다.
찜냄비에 김이 오르면 찜기를 올리고
센 불에서 5분간 찐 후 한김 식힌다.
• 설탕을 뿌리면 떡을 잘 떼어낼 수 있어요.

ⓒ 3줄분

⏰ 25~30분

재
료

• 멥쌀가루 1과 1/2컵(210g, 떡집용)
• 물 2~3큰술(쌀가루 습기에 따라 가감)
• 흑임자가루 1/2컵
• 설탕 9큰술
• 익은 배추김치 2/3컵(100g, 또는 백김치)
• 시금치 2줌(100g)
• 김밥용 단무지 3줄

김치 양념
• 참기름 1큰술
• 설탕 1/4큰술
• 통깨 1/2작은술

시금치 양념
• 참기름 1/2큰술
• 소금 1/3작은술

3 배추김치는 속을 털어내고
김치 양념과 버무린다.

4 시금치는 끓는 물에 15초간
데친 후 찬물에 헹궈 물기를 짠다.
시금치 양념 재료를 넣고 무친다.

5 도마에 랩을 깔고 흑임자가
아래로 오도록 면포를 뒤집은 후
면포 뒷면에 물을 조금씩
묻혀가며 떡을 살살 떼어낸다.

6 배추김치, 단무지, 시금치를
1/3분량씩 올린 후 단단하게 만다.
같은 방법으로 2줄 더 만들고
먹기 좋게 썬다.

ⓣⓘⓟ 쌀가루 알아보기 14쪽

호
박
잎
국
밥

호박잎이 제철인 여름에 이열치열 별미로 즐기기 좋은 국밥이에요. 호박잎은 줄기 부분에 섬유질이 있어 질길 수 있기 때문에 제거하는 것이 좋습니다. 쌀뜨물을 사용하면 국물에 깊은 맛을 낼 수 있어요.

만들기

1 호박잎은 줄기 끝을 조금 꺾어서 껍질을 벗긴다.

😊 2~3인분

⏰ 25~35분

재
료

- 밥 1과 1/4공기(250g)
- 호박잎 1/2줌(60g)
- 표고버섯 2개(50g)
- 된장 3큰술
- 쌀뜨물 5컵(1ℓ)
- 고춧가루 1작은술

2 손질한 호박잎은 소금(약간)을 넣고 주물러 치댄 후 헹군다.
• 호박잎을 치대면 부드러워져요.

3 호박잎은 한입 크기로 썰고, 표고버섯은 밑동을 떼고 0.3cm 두께로 썬다.

4 냄비에 쌀뜨물(5컵)을 넣고 센 불에서 끓어오르면 호박잎, 표고버섯, 된장을 넣고 약한 불에서 10분간 끓인다.

5 고춧가루를 넣고 다시 끓으면 밥을 넣고 약한 불에서 5분간 저어가며 끓인다.

tip 쌀뜨물은 쌀을 씻으면 나오는 뽀얀 물로 보통 3~4번째 씻었을 때 나오는 물을 사용하면 돼요.

김치냉국밥

여름철 어머니께서 물에
찬밥을 말아 드시곤 하는
모습을 보고 만들게 됐어요.
냉장고에 넣어두면 언제든
꺼내 시원하게 먹을 수
있답니다. 김치의 간이
집집마다 다르기 때문에 국물
맛을 보면서 간을 맞추세요.

1 냄비에 채수 재료를 넣고 센 불에서 끓어오르면 다시마를 건진다. 약한 불로 줄여 10분간 더 끓인 후 나머지 건더기를 건진다.

😊 2~3인분

🕐 25분(+ 냉장고에서 차갑게 식히는 시간)

재
료

• 밥 1과 1/2공기(300g)
• 익은 배추김치 1컵(150g)
• 국간장 1과 1/2큰술(김치 염도에 따라 가감)
• 식초 2큰술
• 설탕 1큰술
• 참기름 1/2큰술
• 통깨 1큰술

채수
• 물 7컵(1.4ℓ)
• 슬라이스 건표고버섯 2/3컵
  (또는 건표고버섯 3~5개)
• 무 지름 10cm 두께 0.5cm(50g)
• 다시마 5×5cm 5장

2 배추김치는 속을 털어내고 0.5cm 두께로 썬다.

3 볼에 채수(5컵), 국간장, 식초, 설탕, 배추김치를 넣고 섞은 후 냉장고에 넣어 차갑게 식힌다.

🍴 **응용하기** 밥 대신 소면을 넣어 국수로 즐겨도 좋아요.

4 그릇에 밥을 담은 후 김치냉국을 붓고 참기름, 통깨를 넣는다.
  • 미나리를 송송 썰어 올려도 좋아요.

잣
죽

😊 2인분

⏰ 15~20분
(+ 쌀 불리기 30분)

땅
콩
흑
임
자
죽

😊 2~3인분

⏰ 25~35분
(+ 쌀 불리기 30분)

- 쌀 2/3컵(약 105g)
- 잣 2와 1/2컵(300g)
- 소금 1작은술
- 물 4컵(800㎖)

만
들
기

1 쌀은 씻어서 30분간 불린 후 체에 밭쳐 물기를 뺀다.

2 믹서에 잣, 불린 쌀, 물(2컵)을 넣고 곱게 간다.

3 냄비에 ②를 넣고 나머지 물(2컵)을 넣은 후 중간 불에서 8~9분간
   저어가며 끓인다. 먹기 직전에 소금을 넣는다.
   • 소금을 미리 넣으면 묽어질 수 있어요. 잣가루를 만들어 올려도 좋아요(17쪽).

재
료

- 쌀 1컵(160g)
- 땅콩 20개
- 검은깨 2컵(140g)
- 물 6컵(1.2ℓ)
- 소금 1큰술

만
들
기

1 쌀은 씻어서 30분간 불린 후 체에 밭쳐 물기를 뺀다.

2 믹서에 쌀, 땅콩, 검은깨, 물(3컵)을 넣고 곱게 간다.

3 냄비에 ②, 나머지 물(3컵)을 넣고 센 불에서 끓어오르면 약한 불로 줄여
   20분간 저어가며 끓인다. 소금을 넣어 간을 맞춘다.
   • 대추꽃을 만들어 올려도 좋아요(17쪽).

단
호
박

찹
쌀

죽

단호박은 성질이 따뜻해서 평소 몸이 찬 사람들이 먹으면 몸을 편하게 해요.
찹쌀 옹심이 대신 불린 찹쌀을 넣어 간편하고, 다진 견과류로 씹는 맛과 고소함을
더했습니다. 꿀을 조금 첨가해도 맛이 좋아요.

만
들
기

1 찹쌀은 씻어서 2~3시간 불린 후 체에 밭쳐 물기를 뺀다.
단호박은 씨를 제거하고 껍질을 벗긴 후 한입 크기로 썬다.
• 단호박은 전자레인지에 4분 정도 돌리면 껍질이 잘 벗겨져요.

😊 2~3인분

🕐 40~45분(+ 찹쌀 불리기 2~3시간)

재
료

• 단호박 1개(1kg)
• 찹쌀 1/2컵(80g)
• 설탕 3큰술
• 소금 1작은술
• 물 5컵(1ℓ)
• 토핑 3~4큰술
  (씨앗류, 견과류, 대추채 등)

2 냄비에 단호박, 물(2와 1/2컵)을
넣고 중간 불에서 10분간 끓인 후
한김 식힌다.
• 중간에 물이 부족하면 추가로 넣어요.

3 믹서에 ②를 넣고 간다.

4 냄비에 ③을 붓고 나머지 물(2와
1/2컵), 찹쌀을 넣어 중약 불에서
25분~30분간 저어가며 끓인다.

5 설탕, 소금을 넣고 섞어 그릇에
담은 후 토핑을 올린다.
• 기호에 따라 꿀을 더해도 좋아요.

아
욱
된
장
죽

아욱죽은 다른 반찬 없이도 든든하게 한 끼를 해결할 수 있는 건강한 메뉴예요.
특히 아욱에 비타민C가 풍부해 피로 회복에 도움을 준답니다. 아욱죽은 푹 끓여서
먹어야 더 맛있어요.

만
들
기

1 쌀은 씻어서 30분간 불린 후 체에 밭쳐 물기를 뺀다.
　냄비에 채수 재료를 넣고 센 불에서 끓어오르면 다시마를 건진다.
　약한 불로 줄여 10분간 더 끓인 후 나머지 건더기를 건진다.

😊 2~3인분

⏰ 45~50분(+ 쌀 불리기 30분)

재
료

• 아욱 2줌(150g, 또는 호박잎)
• 쌀 1컵(160g)
• 참기름 1큰술
• 된장 1과 1/2큰술
• 소금 약간

　채수
• 물 10컵(2ℓ)
• 슬라이스 건표고버섯 2/3컵
　(또는 건표고버섯 3~5개)
• 무 지름 10cm 두께 0.5cm(50g)
• 다시마 5×5cm 5장

2 아욱은 억센 줄기를 잘라내고
　손으로 치댄다.

3 치댄 아욱은 물에 헹군 후
　먹기 좋은 크기로 썬다.

4 냄비에 참기름을 두르고 쌀을
　넣어 중간 불에서 3~4분간 볶은
　후 채수(7컵), 아욱을 넣고
　20~25분간 저어가며 끓인다.

5 밥알이 어느 정도 퍼지면 된장을
　넣고 푼 후 중간 불에서 10분간 더
　끓인다. 소금으로 부족한 간을
　더한다.

2

면과 별식 한 그릇

사계절의 맛을 풍성하게 담은

입맛 돋우는 한 그릇 식사

채소 된장 비빔국수

이 메뉴의 별칭은 '승소 된장 비빔국수'예요. 절에서 승려들이 즐겨
먹는 음식으로, 승소란 보기만 해도 웃음이 절로 나온다는 의미지요.
채소 된장 비빔국수로 웃음이 넘치는 밥상을 만들어보세요.

1 청상추는 먹기 좋은 크기로 뜯고, 알배기배추는 0.5cm 폭으로 썬다.

😊 2인분

🕐 25~35분

재
료

• 소면 2줌(140g)
• 청상추 10장(50g, 또는 다른 쌈채소)
• 알배기배추 2~3장(70g, 또는 돌나물 30g)
• 돌나물 약간(생략 가능)
• 들기름 1큰술
• 통깨 1/2큰술

  된장 양념
• 된장 2큰술
• 설탕 1과 1/2큰술
• 식초 2큰술
• 매실청 2큰술

2 볼에 된장 양념 재료를 넣고 섞는다.

3 냄비에 물(6컵)을 넣고 센 불에서 끓어오르면 소면을 넣고 포장지에 적힌 시간대로 삶는다.
  • 중간에 물이 끓어오르면 찬물을 조금씩 넣어요.

4 삶은 소면은 찬물에 2~3번 헹궈 체에 밭쳐 물기를 뺀다.

5 볼에 소면, 청상추, 배추를 넣고 된장 양념을 조금씩 넣어가며 살살 버무린다. 그릇에 담고 돌나물을 올린 후 들기름, 통깨를 뿌린다.
  • 간을 보면서 된장 양념을 조금씩 더해요.

들기름
메밀국수

여름철 별미로 강력 추천하는 메뉴예요. 메밀면은 오래 삶으면 잘 끊어지기 때문에 포장지에
적힌 시간을 잘 확인하고, 삶은 후 찬물에 여러 번 헹구는 것이 중요해요.

1 상추, 양상추, 오이, 당근은 가늘게 채 썬다.

😊 2인분

🕐 25~35분

재
료

• 메밀국수 2줌(140g, 또는 소면)
• 상추 5장(25g)
• 양상추 4장(60g)
• 오이 1/3개(70g)
• 당근 1/4개(50g)
• 김가루 2큰술
• 통깨 1큰술

간장 양념
• 국간장 2큰술
• 설탕 2큰술
• 식초 2와 2/3큰술
• 들기름 1큰술

2 큰 볼에 간장 양념 재료를 넣고 섞는다.

3 냄비에 물(6컵)을 넣고 센 불에서 끓어오르면 메밀국수를 넣고 포장지에 적힌 시간대로 삶는다.
• 중간에 물이 끓어오르면 찬물을 조금씩 넣어요.

4 삶은 메밀국수는 찬물에 2~3번 헹궈 체에 밭쳐 물기를 뺀다.

5 ②의 볼에 메밀국수, ①의 채소를 넣고 버무린다. 그릇에 담은 후 김가루와 통깨를 뿌린다.

미나리

비빔국수

매콤 달콤한 양념과 향긋한 미나리가 입맛을 확 돋우는 메뉴예요. 미나리와 소면은
먹기 직전에 바로 무쳐야 맛이 좋답니다.

1 미나리 줄기는 송송 썰고, 잎은 한입 크기로 썬다.

☺ 2인분

⏱ 25~30분

재
료

• 소면 2줌(140g)
• 미나리 2줌(140g)
• 통깨 1/2큰술

  고추장 양념
• 고춧가루 1큰술
• 고추장 1큰술
• 배즙 2큰술(또는 다른 과일즙, 배 음료)
• 식초 1큰술
• 매실청 1/2큰술
• 조청 1큰술
• 참기름 1/2큰술

2 큰 볼에 고추장 양념 재료를 섞는다.

3 냄비에 물(6컵)을 넣고 센 불에서 끓어오르면 소면을 넣고 포장지에 적힌 시간대로 삶는다.
• 중간에 물이 끓어오르면 찬물을 조금씩 넣어요.

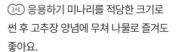 **응용하기** 미나리를 적당한 크기로 썬 후 고추장 양념에 무쳐 나물로 즐겨도 좋아요.

4 삶은 소면은 찬물에 2~3번 헹궈 체에 밭쳐 물기를 뺀다.

5 ②의 볼에 소면, 미나리를 넣고 버무린다. 그릇에 담은 후 통깨를 뿌린다.

여름 별미로 빠질 수 없는
냉면이에요. 사찰에서도 동치미
국물이나 과일을 이용한 냉면을
즐겨 먹는데 그중 하나가 바로
배냉면입니다. 오래 두고 먹는
것보다 만들어서 바로 먹는
것이 맛있어요.

배
냉
면

1 무는 1×6cm 크기로 얇게 썬 후 무 양념 재료와 섞어 30분간 절인다.

😊 2인분

🕐 35~45분

재료

• 시판 냉면 2봉(360g)
• 배 2개(400g, 또는 수박)
• 무 1/5개(200g)
• 오이 1/2개(100g)
• 식초 2큰술
• 소금 1작은술

무 양념
• 설탕 5큰술
• 소금 1큰술
• 식초 6큰술
• 물 1컵(200㎖)

2 배는 껍질과 씨를 제거하고 믹서에 간다. 볼에 배즙(2컵), 식초, 소금을 넣고 섞어 냉장고에 넣어둔다.

• 국물을 체에 한번 걸러도 좋아요. 배의 당도에 따라 설탕을 가감해요.

3 오이는 가늘게 채 썬다.

• 채칼을 이용해 길게 슬라이스하면 멋스러워요.

4 냄비에 물(6컵)을 넣고 센 불에서 끓어오르면 냉면을 넣고 포장지에 적힌 시간대로 삶은 후 찬물에 헹궈 물기를 뺀다.

5 그릇에 냉면을 담고 ②를 붓는다. ①의 절인 무, 오이를 올린다.

옥
수
수
국
수

남녀노소 좋아하는 옥수수로 국수를 만들어봤어요. 초당옥수수를 사용하면 달콤한 맛이
더 좋답니다. 소면을 사용해도 좋지만 옥수수면을 사용하면 더욱 진한 맛을 느낄 수 있어요.

1 초당옥수수는 김이 오른 찜기에 넣고 센 불에서 8분간 찐다.
한김 식힌 후 알갱이만 발라낸다.

• 찜기 대신 전자레인지에 5분 정도 돌려도 좋아요.

😊 2~3인분

⏱ 30~35분

재
료

• 옥수수면 2줌(140g, 또는 소면)
• 초당옥수수 2개(알갱이 270g)
• 오이 1/4개(50g)
• 방울토마토 3~4개
• 생수 2와 1/2컵(500㎖)
• 설탕 1/2큰술
• 소금 1작은술(기호에 따라 가감)

2 오이는 가늘게 채 썰고,
방울토마토는 2등분한다.

3 믹서에 옥수수 알갱이, 생수(2와
1/2컵)를 넣고 곱게 간다. 체에
거른 후 설탕, 소금을 넣고 섞는다.

4 냄비에 물(6컵)을 넣고 센 불에서
끓어오르면 옥수수면을 넣고
포장지에 적힌 시간대로 삶은 후
찬물에 헹궈 물기를 뺀다.

• 중간에 물이 끓어오르면 찬물을
조금씩 넣어요.

5 그릇에 면을 담고 ③을 붓는다.
오이, 방울토마토를 올린다.

(tip) 쫄깃한 식감이 좋은 옥수수면은
온국수와 냉국수에 모두 잘 어울려서 소면
대신 활용하기 좋아요. 온라인 쇼핑몰에서
구입할 수 있어요.

잣
콩
국
수

콩국수는 사 먹는 음식이라고 생각하는 경우가 많은데, 집에서도 어렵지
않게 맛을 낼 수 있어요. 비법은 바로 견과류! 땅콩이나 잣 등을 함께 갈면
영양은 물론 훨씬 고소하고 풍부한 맛이 난답니다.

1 백태콩은 물에 담가 6시간 정도 불린다.

2 냄비에 물(6컵), 백태콩을 넣고 센 불에서 끓어오르면 중간 불에서 7~8분간 삶은 후 불을 끄고 5분간 둔다.

😊 2인분

⏱ 30~35분(+ 콩 불리기 6시간, 냉장고에서 차갑게 식히는 시간)

재 료

- 소면 2줌(140g)
- 백태콩 2컵(280g)
- 콩 삶은 물 3과 3/4컵(750㎖)
- 땅콩 2큰술
- 잣 3큰술
- 설탕 1큰술
- 꽃소금 1작은술(기호에 따라 가감)
- 토마토 썬 것 약간
- 오이채 약간
- 검은깨 약간

3 체에 밭쳐 콩과 콩 삶은 물을 분리한다. 삶은 콩은 손으로 문질러서 껍질을 벗긴다. ●콩 삶은 물은 버리지 않아요.

4 믹서에 백태콩, 땅콩, 잣, 콩 삶은 물(3과 3/4컵)을 넣고 곱게 간다. 설탕, 꽃소금을 넣고 섞은 후 냉장고에 넣어둔다.
●곱게 갈아야 더 고소해요.

5 냄비에 물(6컵)을 넣고 센 불에서 끓어오르면 소면을 넣고 포장지 시간대로 삶은 후 찬물에 헹궈 물기를 뺀다. 그릇에 소면, ④를 담고 토마토, 오이채, 검은깨를 올린다.

연두부국수

언제든 부담없이 후루룩 먹기 좋은 순한 맛의 국수예요. 양념장에 고춧가루만 빼면
아이와 함께 먹기에도 좋아요. 숟가락으로 국물과 연두부를 함께 떠먹어보세요.

1 냄비에 채수 재료를 넣고 센 불에서 끓어오르면 다시마를 건진다.
약한 불로 줄여 10분간 더 끓인 후 나머지 건더기를 건진다.

😊 2인분

⏱ 25~35분

재
료

• 소면 2줌(140g)
• 연두부 1모(180g)
• 애호박 1/2개(135g)
• 익은 배추김치 1/3컵(50g)
• 참기름 1/3작은술
• 설탕 약간
• 국간장 1큰술
• 김가루 약간
• 통깨 1/2작은술

채수
• 물 7컵(1.4ℓ)
• 슬라이스 건표고버섯 2/3컵
  (또는 건표고버섯 3~5개)
• 다시마 5×5cm 5장

양념장
• 양조간장 1과 2/3큰술
• 국간장 2/3큰술
• 고춧가루 2작은술
• 설탕 1/3작은술
• 통깨 1작은술

2 애호박은 0.5cm 두께로
채 썬다. 배추김치는 채 썰어
참기름, 설탕(약간)을 넣고
버무린다.

3 냄비에 물(6컵)을 넣고 센 불에서
끓어오르면 소면을 넣고 포장지에
적힌 시간대로 삶은 후 찬물에
헹궈 물기를 뺀다.
• 중간에 물이 끓어오르면 찬물을 조금씩
  넣어요.

4 ①의 냄비에 연두부, 애호박,
국간장을 넣고 센 불에서
1분 30초간 끓인다.

5 그릇에 삶은 소면을 담고 ④를
담는다. 배추김치, 김가루, 통깨를
올린 후 양념장을 섞어 곁들인다.

된
장
칼
국
수

된장을 풀어 만든 색다른 칼국수예요. 구수한 맛이 일품이랍니다. 칼국수면을 그대로 사용하면
덧가루 때문에 국물이 탁해지므로 한번 데쳐서 넣는 것이 좋아요.

만들기

1 냄비에 채수 재료를 넣고 센 불에서 끓어오르면 다시마를 건진 후
약한 불로 줄여 10분간 더 끓인다.
• 표고버섯은 따로 덜어둬요.

😊 2인분

⏰ 20~25분

재
료

- 생칼국수면 340g
- 감자 1개(200g)
- 애호박 1/2개(135g)
- 청고추 1/2개
- 홍고추 1/2개
- 된장 2와 1/2큰술

채수
- 물 7컵(1.4ℓ)
- 슬라이스 건표고버섯 2/3컵
  (또는 건표고버섯 3~5개)
- 다시마 5×5cm 5장

2 감자는 필러로 껍질을 벗겨
2등분한 후 0.5cm 두께로 썬다.
애호박은 0.5cm 두께로 채 썬다.
청고추, 홍고추는 어슷 썬다.

3 끓는 물에 칼국수면을 넣고
센 불에서 30초간 데친다.

4 냄비에 채수(6컵)를 넣고 된장을
푼 후 감자를 넣어 센 불에서
4분간 끓인다.

5 애호박, 채수의 표고버섯, 청고추,
홍고추, 칼국수면을 넣고
3분 30초간 끓인다.

감자 옹심이 칼국수

쫄깃한 감자 옹심이의 식감이 매력적인 메뉴예요. 감자는 강판에 가는 것이 식감을 더 살릴 수 있지만 번거롭다면 푸드프로세서를 사용해도 괜찮아요.

찹쌀옹심이

들깨미역국

미역국에 밥을 곁들이지 않아도 찹쌀 옹심이 덕분에 든든한 한 끼가 된답니다.
미역의 감칠맛과 고소한 들깻가루의 궁합이 아주 좋아요.

감자옹심이 칼국수

☺ 2인분

⏱ 50~60분

재료

- 생칼국수면 175g
- 감자 3개(600g)
- 애호박 1/3개(90g)
- 당근 1/7개(약 30g)
- 쑥갓 약간
- 소금 1/2작은술
- 국간장 1큰술

채수
- 물 7컵(1.4ℓ)
- 슬라이스 건표고버섯 2/3컵
  (또는 건표고버섯 3~5개)
- 다시마 5×5cm 5장

가라앉은 감자 전분

1 냄비에 채수 재료를 넣고 센 불에서
끓어오르면 다시마를 건진 후 약한 불로
줄여 10분간 더 끓인다.

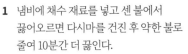
• 다시마를 따로 덜어둬요.

2 감자는 필러로 껍질을 벗긴 후 강판(또는
푸드프로세서)에 간다.

3 면포에 감자 간 것을 넣고 물기를 꽉 짠 후
물과 건더기를 따로 둔다. 물은 20분간
가만히 두어 전분을 가라앉히고 윗물은
버린다.

4 애호박, 당근, 채수에서 건진 다시마는
0.3cm 두께로 채 썬다.

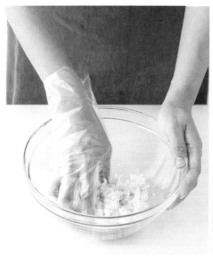

5 볼에 ③의 가라앉힌 전분, 감자 건더기, 소금을 넣고 잘 섞어 치댄다.

6 지름 2cm 크기로 동그랗게 꼭꼭 뭉쳐 옹심이를 만든다.

7 끓는 물에 칼국수면을 넣고 센 불에서 30초간 데친다.

8 ①의 채수를 센 불에서 끓여 끓어오르면 옹심이를 넣고 2분, 칼국수면을 넣고 3~4분, ④의 재료, 소금, 국간장을 넣고 1분간 끓인다. 그릇에 담고 쑥갓을 올린다.

찹
쌀
옹
심
이
들
깨
미
역
국

😊 2~3인분

🕐 45~55분

재
료

• 마른 실미역 20g
• 찹쌀가루 1/2컵(70g)
• 멥쌀가루 1/2컵(70g)
• 국간장 2큰술
• 들기름 1큰술
• 들깻가루 3큰술
• 소금 1/4작은술

채수
• 물 9컵(1.8ℓ)
• 슬라이스 건표고버섯 2/3컵
  (또는 건표고버섯 3~5개)
• 다시마 5×5cm 5장

1 냄비에 채수 재료를 넣고 센 불에서
끓어오르면 다시마를 건진다.
약한 불로 줄여 10분간 더 끓인 후
나머지 건더기를 건진다.

2 마른 실미역은 찬물에 넣고 15~20분간 불린
후 바락바락 주물러 씻는다.

3 미역은 3cm 길이로 썬 후 국간장, 들기름을
넣고 무친다.

4 달군 냄비에 미역을 넣고 중간 불에서
1~2분간 볶는다. 채수(7컵)를 붓고 센 불에서
끓여 끓어오르면 중간 불에서 5~6분간
더 끓인다.

5 볼에 찹쌀가루, 멥쌀가루를 넣고 미역국 국물을 조금씩 넣으면서 되직하게 익반죽한다.

• 미역국 국물을 넣으면 맛이 훨씬 좋아요.

6 지름 2cm 크기로 동그랗게 옹심이를 만든다.

(tip) **쌀가루 알아보기 14쪽**

(1+1) **응용하기 찹쌀**
옹심이를 만드는 대신 시판 조랭이떡을 사용해도 좋아요.

7 ④의 미역국이 끓어오르면 센 불에서 옹심이를 넣고 옹심이가 떠오를 때까지 끓인다.

8 들깻가루, 소금을 넣고 센 불에서 2~3분간 끓인다.

• 채수의 표고버섯을 넣어도 좋아요.

아욱수제비

가을의 아욱은 '사립문을 닫고 먹는다'라는
말이 있을 정도로 맛이 좋답니다. 부드러운 아욱과
쫀득한 수제비의 조화를 느껴보세요.

1 냄비에 채수 재료를 넣고 센 불에서 끓어오르면 다시마를 건진 후 약한 불로 줄여 10분간 더 끓인다.
• 표고버섯은 따로 덜어둬요.

2 볼에 반죽 재료를 넣고 치댄 후 냉장고에 넣어 30분간 숙성한다.

☺ 2~3인분

⏱ 55~60분

재
료

• 아욱 2줌(140g, 또는 근대, 냉이, 시금치)
• 감자 1개(200g)
• 된장 2큰술
• 고추장 1큰술
• 국간장 1큰술

채수
• 물 11컵(2.2ℓ)
• 슬라이스 건표고버섯 2/3컵
  (또는 건표고버섯 3~5개)
• 다시마 5×5cm 5장

반죽
• 밀가루 1과 1/2컵(150g)
• 물 3/5컵(120㎖)
• 소금 약간

3 감자는 필러로 껍질을 벗기고 4등분한 후 0.3cm 두께로 썬다.

4 아욱은 두꺼운 줄기 부분의 껍질을 벗긴 후 5cm 길이로 썬다. 된장, 고추장을 넣고 버무린다.

5 냄비에 채수(9컵), 감자, 아욱, 채수의 표고버섯을 넣고 센 불에서 10분간 끓인다. 수제비 반죽을 한입 크기로 얇게 뜯어 넣고 중간 불에서 5~7분간 끓인다. 수제비가 떠오르면 국간장을 넣는다.

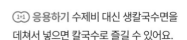 **응용하기** 수제비 대신 생칼국수면을 데쳐서 넣으면 칼국수로 즐길 수 있어요.

우묵냉채

해조류인 우뭇가사리로 만드는 우묵은 칼로리가 낮고 장 활동을
돕기 때문에 다이어트 식품으로 각광받고 있어요. 부드러운 만큼
손질할 때 부서지기 쉬우니 조심해서 다뤄야 해요.

1 냄비에 채수 재료를 넣고 센 불에서 끓어오르면 다시마를 건진다. 약한 불로 줄여 10분간 더 끓인 후 나머지 건더기를 건진다. 냉장고에 넣어 차갑게 식힌다.

😋 2~3인분

⏱ 20~25분(+ 냉장고에서 차갑게 식히는 시간)

재
료

• 우묵채 200g(또는 도토리묵)
• 오이 1/2개(100g)
• 홍고추 1/2개
• 설탕 2큰술
• 국간장 2작은술
• 식초 2큰술
• 소금 1작은술
• 통깨 1/2큰술

채수
• 물 7컵(1.4ℓ)
• 슬라이스 건표고버섯 2/3컵
 (또는 건표고버섯 3~5개)
• 다시마 5×5cm 5장

2 오이는 0.3cm 두께로 채 썰고, 홍고추는 송송 썬다.

3 볼에 채수(4컵), 설탕, 국간장, 식초, 소금을 넣고 섞는다.

(tip) 우묵채 대신 도토리묵을 사용할 경우 0.3cm 두께로 얇게 채 썰어 사용해요.

4 그릇에 우묵채를 담고 ③을 붓는다. 오이, 홍고추, 통깨를 올린다.

3

일품요리 한 그릇

정다운 사람들과 오손도손 즐기는

푸짐한 비건 한식 요리

톳 두부무침

톳은 요오드와 칼슘, 비타민과 식이섬유가 풍부한 식품이에요.
두부와 함께 무치면 반찬으로는 물론 샐러드처럼 먹기도 좋답니다.
톳을 너무 오래 데치면 식감이 좋지 않으니 데치는 시간에 주의해요.

만
들
기

1 두부는 끓는 물에 1분간 데친 후 체에 밭쳐 물기를 뺀다.

😊 3~4인분

⏰ 10~15분

재
료

• 톳 200g
• 두부 1/2모(150g)
• 소금 1/4큰술(톳 염도에 따라 가감)
• 통깨 1/2큰술
• 참기름 1큰술

2 톳은 바락바락 주물러 씻은 후
   끓는 물에 식초(1큰술)와 함께
   넣고 1분간 데친다. 찬물에 5분간
   담근 후 체에 밭쳐 물기를 뺀다.

3 면포에 두부를 넣고 손으로 으깨며
   물기를 뺀다.

1+1 응용하기 밥에 톳 두부무침, 간장
또는 고추장을 넣고 비벼 비빔밥으로
즐겨보세요.

4 볼에 모든 재료를 넣고 무친다.

씨
겨
자
버
섯
샐
러
드

☺ 2인분
⏰ 15~25분

가
지
샐
러
드

☺ 2인분
⏰ 20~25분

- 새송이버섯 2개(160g)
- 엔다이브 1개(약 100g, 또는 다른 쌈채소)
- 양상추 4장(120g)
- 방울토마토 6개(90g)
- 소금 1/4작은술
- 올리브유 1/2작은술

씨겨자 드레싱
- 홀그레인 머스터드 1/2큰술
- 설탕 1큰술
- 양조간장 1큰술
- 레몬즙 2큰술
- 현미식초 1큰술(또는 다른 식초)
- 올리브유 4큰술
- 통깨 1작은술

1

3

1 엔다이브, 양상추는 한입 크기로 썬다.

2 새송이버섯은 1cm 두께로 썰고, 방울토마토는 2등분한다.

3 달군 팬에 올리브유(1/2작은술)를 두르고 새송이버섯을 넣어 센 불에서 1~2분간 구운 후 소금을 뿌린다.

4 그릇에 모든 재료를 담고 씨겨자 드레싱을 섞어 뿌린다.

- 가지 2개
- 올리브유 1작은술
- 소금 1/2작은술

고추 드레싱
- 다진 고추 1개분(청고추, 홍고추 1/2개씩)
- 설탕 1큰술
- 국간장 1큰술
- 레몬즙 1큰술
- 현미식초 1큰술(또는 다른 식초)
- 올리브유 2큰술
- 참기름 2/3큰술

1

3

1 가지는 0.5cm 두께로 어슷 썬 후 벌집 모양으로 칼집을 넣는다.

2 달군 팬에 올리브유(1작은술)를 두르고 가지를 넣어 중약 불에서 2~3분간 노릇하게 구운 후 소금을 뿌린다.

3 그릇에 가지를 담은 후 고추 드레싱 재료를 섞어 뿌린다.

수삼 오이냉채

😊 2인분
⏰ 10~15분

아스파라거스 잡채

😊 2인분
⏰ 15~20분

- 수삼 2뿌리(60g)
- 오이 1/2개(100g)
- 대추 2개

유자 요거트 소스
- 떠먹는 비건 요거트 1/4컵(50g)
- 유자청 1큰술~1과 1/2큰술
- 레몬즙 1/2큰술
- 식초 1/2큰술
- 연겨자 1/2큰술
- 소금 1/4작은술

1 **3**

1 수삼, 오이는 0.3cm 두께로 채 썬다.

2 대추는 돌려 깎아 씨를 제거한 후 0.3cm 두께로 채 썬다.

3 볼에 유자 요거트 소스 재료를 넣고 섞은 후 수삼, 오이, 대추를 넣고
버무린다.
   • 먹기 직전에 버무려야 물이 생기지 않아요.

- 아스파라거스 10개(200g)
- 당근 1/4개(50g)
- 청피망 1/2개(50g)
- 홍피망 1/2개(50g)
- 숙주 1줌(50g)
- 식용유 1큰술
- 참기름 1큰술
- 소금 1/2작은술
- 통깨 1/2큰술

1 **2**

1 아스파라거스는 필러로 껍질을 제거한 후 2등분한다.
   두꺼운 부분은 반으로 가른다.

2 당근, 청피망, 홍피망은 0.3cm 두께로 채 썬다.

3 끓는 물에 아스파라거스, 소금(약간)을 넣고 15초간 데친 후
   찬물에 식힌다.

4 달군 팬에 식용유, 숙주를 넣고 센 불에서 1분 30초간, 아스파라거스, 당근,
   청피망, 홍피망을 넣고 1분간 볶은 후 참기름, 소금, 통깨를 넣는다.

두부면 잡채

두부면을 이용하면 색다른 두부 요리를 즐길 수 있어요. 두부면은 조리 전 데친 후 사용하는 것이 좋습니다. 차갑게 먹어도 별미예요.

1 끓는 물에 두부면을 넣고 3분간 데친 후 체로 건져 물기를 뺀다.

2 ①의 끓는 물에 시금치를 넣고 15~20초간 데친 후 찬물에 헹궈 물기를 짠다. 시금치 양념 재료를 넣고 버무린다.

😊 2인분

🕐 20~30분

재
료

- 두부면 1팩(100g)
- 시금치 1줌(50g)
- 당근 1/4개(50g)
- 피망 1/2개(50g, 또는 파프리카)
- 표고버섯 1개(25g, 또는 다른 버섯)
- 식용유 1/3큰술
- 참기름 약간
- 통깨 약간

시금치 양념
- 참기름 1/2작은술
- 소금 약간

두부면 양념
- 양조간장 2큰술
- 황설탕 1과 1/2큰술

3 당근, 피망, 밑동 뗀 표고버섯은 0.3cm 두께로 채 썬다.

4 달군 팬에 식용유를 두르고 당근, 피망, 표고버섯을 넣어 센 불에서 1분간 볶은 후 덜어둔다.

5 달군 팬에 두부면, 두부면 양념 재료를 넣고 센 불에서 2~3분간 볶은 후 나머지 채소를 모두 넣고 섞는다. 그릇에 담고 참기름, 통깨를 뿌린다.

콩불고기

콩고기는 식물성 단백질을 이용해 고기의 모양, 질감과 비슷하게 만든 재료예요. 채식주의자가 아니더라도 건강과 환경을 위해 온 가족이 함께 먹어보길 추천해요.

1 콩고기는 미지근한 물에 30분간 불린 후 체에 밭쳐 물기를 뺀다.
   볼에 양념 재료를 섞는다.
   • 30분간 불려도 딱딱하다면 끓는 물에 넣고 5분간 익혀요.

😊 2~3인분

⏱ 35~40분

재
료

• 콩고기 160g
• 표고버섯 2개(50g)
• 당근 1/4개(50g)
• 청고추 1개
• 홍고추 1개
• 식용유 1큰술
• 통깨 1/2큰술

양념
• 양조간장 2와 1/2큰술
• 설탕 1큰술
• 조청 1큰술
• 매실청 1/2큰술
• 참기름 1큰술

2 밑동 뗀 표고버섯, 당근, 청고추, 홍고추는 0.5cm 두께로 채 썬다.

3 달군 팬에 식용유, 콩고기를 넣고 중간 불에서 1분간 볶은 후 양념을 넣고 1분간 더 볶는다.

4 ②의 채소를 넣고 1분간 볶는다. 그릇에 담고 통깨를 뿌린다.

유 부 채 소 쌈

남녀노소 좋아하는 유부에 채소를 듬뿍 넣어 만들었어요.
유부를 그대로 사용하면 고소하게 즐길 수 있고,
한번 데쳐서 사용하면 더 담백하게 먹을 수 있답니다.

1 사각유부는 2등분한다.
  • 한번 데치면 담백하게 즐길 수 있어요.

2 양상추는 한입 크기로 뜯는다.

😊 2~3인분

🕐 20~30분

재
료

• 사각유부 6장(조미 안 된 것)
• 양상추 2장(60g)
• 오이 1/3개(70g)
• 청피망 1/3개(30g)
• 토마토 1/3개(50g)
• 새싹채소 약간

  레몬 드레싱
• 레몬즙 4큰술
• 설탕 1큰술
• 소금 1/2작은술
• 올리브유 4큰술

3 오이, 청피망, 토마토는 굵게
  다진다.

4 볼에 레몬 드레싱 재료를 섞는다.

🔄 응용하기 유부를 먹기 좋은 크기로
썰어 다른 재료와 함께 드레싱에 버무려
먹어도 좋아요.

5 유부에 양상추, 토마토, 오이, 청피망을 넣고 새싹채소를 올린 후
  레몬 드레싱을 뿌린다.

메 밀 전 병 채 소 말 이

만들기는 조금 번거로울 수 있지만, 보기 좋고 먹기도 편해서 손님 초대요리로
특히 추천해요. 속 재료는 다른 재료로 얼마든지 바꿔도 좋습니다.
메밀전병을 부칠 때 기름을 너무 많이 두르면 느끼해질 수 있으니 주의해요.

만들기

1 볼에 반죽 재료를 넣고 거품기로 푼다. 느타리버섯은 손으로 찢는다. 밑동 뗀 표고버섯, 홍피망, 청양고추는 얇게 채 썬다.

2 끓는 물에 미나리 줄기를 넣고 15초간 데친다. 찬물에 헹궈 물기를 빼고 가늘게 찢는다.

😊 2~3인분

⏰ 30~40분

재료

• 숙주 1줌(50g)
• 느타리버섯 1줌(50g)
• 표고버섯 2개(50g)
• 홍피망 1/2개(50g)
• 청양고추 2개
• 미나리 4~5줄
• 새싹채소 1줌(30g)
• 소금 1/2작은술
• 참기름 1/2큰술
• 식용유 약간

반죽
• 메밀가루 1컵
• 소금 1/2작은술
• 물 1과 1/4컵(250㎖)

부침유
• 식용유 2큰술
• 들기름 2큰술

3 달군 팬에 부침유, 숙주, ①의 채소를 넣어 센 불에서 20~30초간 볶는다. 소금, 참기름을 넣고 섞은 후 덜어둔다.

4 달군 팬에 식용유를 두르고 ①의 반죽을 1큰술씩 올려 숟가락 뒷면으로 펼친다. 약한 불에서 1~2분간 익힌 후 한김 식힌다.

ⓣⓘⓟ 기호에 따라 레몬소스(190쪽), 씨겨자 간장소스(190쪽), 겨자소스(191쪽)를 곁들여보세요.

5 메밀전병에 ③의 볶은 채소와 새싹채소를 넣고 오므려 미나리로 묶는다.

청포묵
오색말이

레시피 102쪽

청포묵은 녹두의 전분으로 만드는 묵이에요. 성질이 차기 때문에 여름철에 먹으면 몸의 열을
낮추는데 도움을 준답니다. 소스를 냉장고에 넣었다가 시원하게 먹으면 더 맛있어요.

레시피 104쪽

도 토 리 묵

냉 채

쫀득한 식감이 좋은 도토리묵은 칼로리가 낮아 다이어트에도 도움이 돼요. 푸짐한 채소와 함께
먹으면 건강식으로 그만이랍니다. 마지막에 통깨를 뿌리면 더 고소해요.

청
포
묵
오
색
말
이

만
들
기

1 청포묵은 3등분한 후 사진과 같이 0.2cm 두께로 얇게 썬다.

• 두껍게 썰면 말리지 않으니 최대한 얇게 썰어요.

😊 2~3인분

⏱ 35~45분

재
료

• 청포묵 1모(320g)
• 오이 1개(200g)
• 숙주 2줌(100g)
• 당근 1/3개(70g)
• 초록 파프리카 1/2개(100g)
• 빨강 파프리카 1/2개(100g)
• 미나리 5~6줄

숙주 양념
• 국간장 1/3작은술
• 소금 1/2작은술
• 참기름 1큰술
• 통깨 1작은술

들기름 간장 소스
• 양조간장 2큰술
• 설탕 1큰술
• 식초 1큰술
• 생수 2큰술
• 들기름 1/3큰술
• 통깨 1/3큰술

2 오이는 굵은 소금(1큰술)으로 껍질을 문질러 가시를 제거한 후 0.3cm 두께로 채 썬다.

3 당근, 초록 파프리카, 빨강 파프리카는 0.3cm 두께로 채 썬다.

4 끓는 물에 청포묵을 넣고 2분간 데친 후 체로 건져 한김 식힌다.

5 ④의 끓는 물에 숙주를 넣고 1분 30초간 데친다. 체로 건져 찬물에 헹군 후 물기를 뺀다.

6 ⑤의 끓는 물에 미나리 줄기를 넣고 15초간 데친다. 찬물에 헹궈 물기를 빼고 가늘게 찢는다.

7 볼에 숙주, 숙주 양념 재료를 넣고 무친다.

8 청포묵에 오이, 당근, 파프리카, 숙주를 조금씩 넣고 돌돌 만다.

⑭ **응용하기** 청포묵을 먹기 좋은 크기로 썰어 다른 재료와 함께 소스에 버무려 먹어도 좋아요.

9 데친 미나리로 살살 묶는다.
• 너무 세게 묶으면 청포묵이 망가지므로 주의해요.

10 그릇에 담고 들기름 간장 소스를 섞어 곁들인다.

도
토
리
묵
냉
채

1 도토리묵은 손가락 굵기로 먹기 좋게 썬다.

2 미나리는 5cm 길이로 썬다.

😊 2~3인분

⏱ 25~35분

재
료

- 도토리묵 1팩(400g)
- 미나리 5줄기
- 청상추 8장(또는 다른 쌈채소)
- 홍피망 1/2개(50g)
- 청피망 1/2개(50g)
- 느타리버섯 1줌(50g)
- 참기름 1/4작은술
- 소금 약간

참기름 간장 소스
- 양조간장 1/3큰술
- 고춧가루 1큰술
- 설탕 2큰술
- 현미식초 2큰술
- 참기름 1큰술
- 통깨 1큰술

3 청상추는 1cm 두께로 썬다. 홍피망, 청피망은 0.3cm 두께로 채 썬다.

4 느타리버섯은 먹기 좋은 크기로 찢는다.

5 끓는 물에 도토리묵을 넣고 3분간 데친 후 체로 건져 식힌다.

6 ⑤의 끓는 물에 느타리버섯, 소금(약간)을 넣고 20초간 데친 후 찬물에 헹궈 물기를 짠다.

7 볼에 느타리버섯, 참기름(1/4작은술), 소금(약간)을 넣고 버무린다.

8 그릇에 모든 재료를 담고 참기름 간장 소스를 섞어 곁들인다.

도토리묵을 구우면 쫄깃한 도토리묵을 더 쫄깃하게 즐길 수 있어요.
여기에 매콤 새콤한 나물무침을 곁들이면 가을 별미로 그만이랍니다.
묵을 너무 얇게 썰면 부서질 수 있으니 1cm 두께로 썰어주세요.

도토리묵구이와

나물무침

1 도토리묵은 길게 2등분한 후 1cm 두께로 썬다.

😊 2~3인분

🕐 20~25분

재 료

- 도토리묵 1팩(300g)
- 참나물 2줌(100g)
- 세발나물 1줌(50g)
- 청고추 1개
- 홍고추 1개

부침유
- 식용유 1큰술
- 들기름 1큰술

나물 양념
- 양조간장 2큰술
- 고춧가루 1/2큰술
- 설탕 1큰술
- 식초 1큰술
- 참기름 1/2큰술
- 통깨 1/2큰술

(tip) 참나물, 세발나물 대신 상추, 돌나물, 미나리, 쑥갓, 오이, 당근 등 다른 채소로 대체해도 좋아요.

2 참나물, 세발나물은 먹기 좋은 크기로 썬다. 청고추, 홍고추는 씨를 뺀 후 2등분해 얇게 채 썬다.

3 달군 팬에 부침유를 두르고 도토리묵을 넣어 중간 불에서 3~4분간 앞뒤로 노릇하게 굽는다.

4 볼에 나물 양념 재료를 섞은 후 참나물, 세발나물, 청고추, 홍고추를 넣어 버무린다. 그릇에 구운 도토리묵을 담은 후 나물무침을 올린다.

더덕 가지구이

더덕과 가지에 매콤 달콤한 양념을 발라 쫀득하게 굽는 요리로, 더덕구이의
업그레이드 버전이라고 할 수 있어요. 양념 때문에 타기 쉬우므로 양념은
많이 바르지 않고 중약 불에서 굽는 게 중요해요.

1 더덕은 껍질을 벗기고 길게
2등분한 후 밀대로 밀어서
얇게 편다.
• 밀대에 랩을 감싸면 끈끈한 점액이
묻지 않아요.

2 볼에 양념 재료를 섞는다.
가지는 길게 0.5cm 두께로 썰고,
청고추, 홍고추는 다진다.

😊 2인분

🕐 30~40분

재
료

• 더덕 3개(약 80g)
• 가지 1개(150g)
• 청고추 1/2개
• 홍고추 1/2개
• 통깨 1큰술

양념
• 고추장 1/2큰술
• 양조간장 1큰술
• 조청 1/2큰술
• 참기름 1/2큰술
• 통깨 1/2큰술
• 고춧가루 1작은술

부침유
• 식용유 3큰술
• 들기름 1큰술

3 달군 팬에 부침유를 두르고 가지, 더덕을 넣어 중약 불에서 3~5분간
앞뒤로 노릇하게 굽는다.

4 가지, 더덕에 양념을 바른 후
약한 불에서 1~2분간 굽는다.

5 가지 위에 더덕을 올리고 한입
크기로 썬다. 청고추, 홍고추,
통깨를 뿌린다.

양배추구이

제철을 맞은 양배추는 별다른 양념 없이 굽기만 해도 정말 달큰하고 맛있어요.
노릇하게 굽는 게 중요한데, 이때 두께는 2.5cm 정도가 적당합니다.

1 두부는 소금(약간)을 뿌려둔다.

2 방울토마토는 열십자로 칼집을 넣고, 아스파라거스는 필러로 껍질을 벗긴다. 양배추는 2.5cm 두께로 썬 후 꼬치를 끼운다.
  • 꼬치를 끼워 양배추를 고정해요.

☺ 2인분

⏰ 20~30분

재
료

• 양배추 1/5통(약 350g)
• 두부 1/4모(75g)
• 방울토마토 5개
• 아스파라거스 3줄기
• 소금 1/2작은술

부침유
• 식용유 2큰술
• 들기름 2큰술

3 끓는 물에 아스파라거스와 방울토마토를 각각 넣고 30초씩 데친다. 방울토마토는 찬물에 담가 식힌 후 껍질을 벗긴다.

4 달군 팬에 부침유, 양배추를 넣고 센 불에서 1분~1분 30초, 약한 불로 줄인 후 앞뒤로 1분씩 굽는다. 소금을 뿌려 덜어둔다.

5 달군 팬에 두부를 넣고 중약 불에서 6~8분간 사방을 노릇하게 굽는다. 그릇에 모든 재료를 담는다. • 구울 때 식용유, 들기름을 1큰술씩 더해도 좋아요.

⓽ 기호에 따라 두부 견과소스(188쪽), 레몬 간장소스(192쪽), 흑임자 잣소스(192쪽)를 곁들여보세요.

감자 배추전

일반적인 배추전과는 달리 감자를 갈아 배추에 붙여서 만드는 레시피예요.
감자의 쫀득함과 배추의 아삭함을 동시에 느낄 수 있어 식감이 특히 매력적인
메뉴랍니다.

만들기

1 알배기배추는 칼등으로 살짝 두들겨 편 후 소금(약간)을 뿌려
숨을 죽인다.

☺ 2인분

⏱ 35~45분

재료

• 감자 2개(400g)
• 알배기배추 6장
• 소금 1/3작은술
• 참기름 1작은술
• 부침가루 약간

부침 반죽
• 부침가루 1컵
• 물 1컵(200㎖)

부침유
• 식용유 1큰술
• 들기름 1큰술

초간장
• 양조간장 1큰술
• 식초 1큰술
• 생수 1큰술
• 설탕 1/3큰술
• 고춧가루 약간
• 통깨 약간

가라앉은 감자 전분

2 감자는 필러로 껍질을 벗긴 후
강판(또는 푸드프로세서)에
간다. 면포에 넣고 물기를 꽉
짠 후 물과 건더기를 따로 둔다.
물은 20분간 가만히 두어 전분을
가라앉히고 윗물은 버린다.

3 볼에 감자 건더기, ②의 가라앉힌
전분, 소금, 참기름을 넣고 섞는다.

4 알배기배추 한쪽 면에
부침가루를 약간 묻힌 후 ③의
감자를 얇게 펼친다.
• 감자를 얇게 붙여야 맛있어요.

5 볼에 부침 반죽을 섞어
알배기배추에 앞뒤로 묻힌다.
달군 팬에 부침유를 두르고 올려
중약 불에서 앞뒤로 2~3분씩
굽는다. 초간장을 섞어 곁들인다.

팽이버섯전

간단하지만 색다르고 근사한 전 요리예요. 식용유와 들기름을 섞어서
전을 부치면 풍미가 훨씬 좋답니다. 팽이버섯전은 바로 먹으면
버섯에서 물이 나와 굉장히 뜨거우니 조심하세요.

1 팽이버섯은 적당한 크기로 찢는다.

☺ 2인분

⏰ 25~30분

재
료

• 팽이버섯 2봉(300g, 또는 다른 버섯)
• 홍고추 2개(또는 파프리카 1/3개)
• 청양고추 2개(또는 피망 1/3개)
• 검은깨 1작은술

  반죽
• 밀가루 1컵
• 물 1컵(200㎖)
• 양조간장 1큰술

  부침유
• 식용유 3큰술
• 들기름 1큰술

2 홍고추, 청양고추는 잘게
다진다.

3 볼에 반죽 재료를 섞은 후
홍고추, 청양고추를 넣고 섞는다.

👩‍🍳 **응용하기** 버섯을 싫어하는
아이에게는 버섯을 다져 동그랗게
부쳐주세요.

4 달군 팬에 부침유를 두르고 팽이버섯을 ③의 반죽에 묻혀 올린다.
중간 불에서 앞뒤로 2~3분간 노릇하게 구운 후 검은깨를 뿌린다.

김 두부완자전

아이들과 함께 먹기 좋은 두부 요리예요. 반찬으로는 물론 영양 간식으로도
훌륭하답니다. 두부 반죽에 들깻가루를 더해 더 고소해요.

1 김은 가위로 8등분한다.
두부는 면포에 넣고 손으로
으깨며 물기를 뺀다.

2 밑동 뗀 표고버섯, 당근, 홍고추,
청양고추는 잘게 다진다. 달군 팬에
들기름(1큰술)을 두르고 채소를 넣어
중간 불에서 30초간 볶는다.

😊 8개분

⏱ 25~35분

재
료

• 김밥 김 1/4장
• 두부 1/2모(150g)
• 표고버섯 1개(25g)
• 당근 1/4개(50g)
• 홍고추 1/2개(또는 파프리카 1/4개)
• 청양고추 1/2개(또는 피망 1/4개)
• 들기름 1큰술
• 들깻가루 1큰술
• 소금 1/3작은술

반죽
• 밀가루 1/2컵
• 물 1/3컵(약 70㎖)
• 소금 약간

부침유
• 들기름 2큰술
• 참기름 2큰술

3 볼에 두부, ②의 채소, 들깻가루,
소금(1/3작은술)을 넣고 치댄다.

4 반죽을 8등분한 후 동글납작하게
만든다. 사진과 같이 김을 붙인다.

5 볼에 반죽 재료를 섞은 후 완자를 넣어 묻힌다. 달군 팬에 부침유를 두르고
넣어 중약 불에서 3~4분간 앞뒤로 노릇하게 굽는다.

비빔밥전과 참나물무침

절에서 먹으면 유난히 맛있는 음식 중
하나가 비빔밥이 아닌가 싶어요.
그냥 먹어도 맛있지만 동그랗게 만들어
구우면 먹기도 편하고 맛도
더 좋답니다. 참나물무침을 곁들여
푸짐하게 즐겨보세요.

1 볼에 고추장 양념장 재료를 섞는다. 참나물은 한입 크기로 썰어
참나물 소스 재료와 버무린다.
 • 참나물 소스는 기호에 맞게 넣어 버무려요.

☺ 8개분

⏱ 25~35분

재
료

• 밥 1공기(200g)
• 참나물 1줌(50g, 또는 상추)
• 애호박 1/4개(70g)
• 당근 1/7개(30g)
• 표고버섯 3개(75g)
• 들기름 2큰술
• 식용유 1큰술

고추장 양념장
• 고추장 1과 1/2큰술
• 국간장 1/4작은술
• 설탕 1/2작은술
• 통깨 1/2작은술

참나물 소스
• 양조간장 1/3큰술
• 고춧가루 1큰술
• 설탕 2큰술
• 식초 2큰술
• 통깨 1/2큰술

2 애호박, 당근, 밑동 뗀 표고는
잘게 다진다. 달군 팬에 들기름
(1큰술), 다진 채소(표고버섯은
2/3분량만)를 넣어 중간 불에서
1분 30초간 볶은 후 덜어둔다.

3 달군 팬에 들기름(1큰술),
다진 표고버섯 1/3분량을 넣고
중간 불에서 1분간 볶는다.
①의 고추장 양념장을 넣고
약한 불에서 1~2분간 더 볶는다.

4 볼에 밥, ②의 채소, ③의
양념장을 넣고 섞어 8등분한
후 동글납작하게 만든다.
 • 손에 식용유를 약간 바르면 달라붙지
   않아요.

5 달군 팬에 식용유, ④를 넣고
약한 불에서 6분간 앞뒤로 노릇하게
굽는다. 참나물무침과 함께 담는다.
 • 타기 쉬우므로 약한 불에서 구워요.

바삭한 감자채전

감자를 갈아서 만드는 감자전과 달리 씹히는 맛이 좋은 채전이에요.
채의 굵기가 일정하지 않으면 그 부분이 탈 수 있기 때문에 일정한 굵기로
써는 것이 중요해요.

만 들 기

1 감자는 필러로 껍질을 벗긴 후 0.3cm 두께로 채 썬다.
흐르는 물에 헹군 후 체에 밭쳐 물기를 뺀다.
• 일정한 두께로 썰어야 골고루 익어요.

😊 6개분

⏰ 30~40분

재
료

• 감자 2개(400g)
• 감자전분 1컵
• 물 5큰술
• 소금 1/4작은술
• 식용유 1컵
• 검은깨 약간

2 볼에 감자, 감자전분, 물, 소금을
넣고 섞는다.

3 달군 팬에 식용유를 붓고
②의 1/6 분량씩 올려 펼친 후
검은깨를 뿌린다.

4 뒤집개로 평평하게 눌러주면서 중약 불에서 4분간 익힌 후 뒤집어서
3분간 더 익힌다.

(tip) 양파를 채 썰어 반죽에 섞어도
맛있어요. 고추소스(188쪽), 레몬
간장소스(192쪽)를 곁들여도 좋아요.

고구마 채소튀김

남녀노소 좋아하는 고구마 튀김에 몇 가지 채소를 더했어요.
달콤한 고구마 덕분에 채소를 안 먹는 아이들도 잘 먹는답니다.
튀김을 쌈채소에 싸 먹으면 또다른 맛을 느낄 수 있어요.

122

1 단호박은 껍질을 제거하고 0.5cm 두께로 채 썬다.
• 단호박은 전자레인지에 4분 정도 돌리면 껍질이 잘 벗겨져요.

😊 2~3인분

🕐 20~30분

재
료

• 고구마 1개(200g, 또는 감자)
• 당근 1/3개(70g)
• 깻잎 5장
• 단호박 1/5개(160g)
• 식용유 3컵

반죽
• 튀김가루 1컵
• 물 1컵(200㎖)

2 고구마, 당근, 깻잎은 0.5cm
두께로 채 썬다.

3 볼에 반죽 재료를 섞은 후
모든 채소를 넣고 버무린다.

4 냄비에 식용유를 넣고 180℃로 끓인다. ③을 적당량씩 넣어 중간 불에서
3~5분간 튀긴 후 체에 밭쳐 기름을 뺀다.
• 한번 더 튀기면 더욱 바삭해요.

ⓣⓘⓟ 기호에 따라 레몬 간장소스(192쪽),
깻잎 생강소스(192쪽)를 곁들여도 좋아요.

깻잎 두부 튀김

부드러운 두부에 향긋한 깻잎 향이 배어 있는 색다른 튀김 요리예요. 깻잎을 채 썰어
바삭바삭한 식감이 특히 매력적이랍니다. 너무 낮은 온도에 튀기면 기름이 두부에 흡수되고
높은 온도에서 튀기면 깻잎이 타버리기 때문에 160℃에서 튀기는 것이 중요해요.

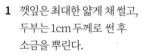

1 깻잎은 최대한 얇게 채 썰고, 두부는 1cm 두께로 썬 후 소금을 뿌린다.

2 위생팩에 감자전분(3큰술), 깻잎을 넣고 흔들어 골고루 섞는다. 두부에 감자전분(2큰술)을 묻힌다.

😊 2인분

🕐 25~35분

재
료

- 깻잎 25장(50g)
- 두부 1/2모(150g)
- 감자전분 5큰술
- 식용유 5컵(1ℓ)
- 소금 1/2작은술

사과 소스
- 껍질 벗긴 사과 1/8개(25g)
- 당근 1/8개(25g)
- 설탕 1/2큰술
- 식초 1/2큰술
- 올리브유 3큰술
- 소금 약간

3 깻잎으로 두부를 감싼다.

4 냄비에 식용유를 넣고 160℃로 끓인다. ③을 넣고 중간 불에서 30~40초간 튀긴 후 체에 밭쳐 기름을 뺀다.

5 사과, 당근을 잘게 다진 후 나머지 사과 소스 재료와 섞어 튀김에 곁들인다.

깻잎 채소말이 튀김과 두부장

여러 가지 채소를 깻잎과 김으로 말아 튀겼어요.
여기에 곁들이는 새콤하고 고소한 두부장이 튀김의
맛을 확 올려준답니다.

만들기

1 오이고추, 파프리카, 밑동 뗀 표고버섯은 0.5cm 두께로 썬다.
   김밥 김은 열십자로(+)로 자른 후 다시 2등분한다.

😊 16개분

🕐 30~40분

재
료

- 깻잎 16장
- 오이고추 3개(60g, 또는 피망 1개)
- 파프리카 1개(200g)
- 표고버섯 2개(50g, 또는 다른 버섯)
- 김밥 김 2장
- 밀가루 3큰술
- 식용유 3컵

반죽
- 튀김가루 1컵
- 물 1컵(200㎖)

두부장
- 두부 1/3모(100g)
- 잣 3큰술(30g)
- 국간장 1큰술
- 유자청 1/2큰술
- 들기름 1/3큰술

2 깻잎에 ①의 채소를 올리고 돌돌 만 후 김으로 한번 더 만다.

3 볼에 반죽 재료를 섞는다. ②에 밀가루를 묻힌 후 반죽을 묻힌다.

4 냄비에 식용유를 넣고 180℃로 끓인다. ③을 넣고 중간 불에서 4~5분간 튀긴 후 체에 밭쳐 기름을 뺀다.
   • 한번 더 튀기면 더욱 바삭해요.

5 끓는 물에 두부를 넣고 2분간 데친 후 믹서에 두부장 재료를 넣고 곱게 간다. 튀김에 곁들인다.
   • 믹서 대신 모든 재료를 곱게 다져서 섞어도 돼요.

가지를 안 좋아하는 분들도 맛있게
먹을 수 있는 가지 요리예요. 소스를
만들 때 매실청을 조금 더하면
맛있는 소스를 만들 수 있어요.

가
지
탕
수

1 가지는 손가락 굵기로 썬 후 소금(약간)을 뿌린다. 오이, 당근, 버섯은 한입 크기로 얇게 썬다.

2 볼에 반죽 재료를 섞는다. 가지에 감자전분을 묻힌 후 반죽을 묻힌다.

😊 2인분

🕐 35~45분

재
료

• 가지 2개(300g)
• 오이 1/3개(70g)
• 당근 1/8개(25g)
• 목이버섯 3~4개
• 소금 약간
• 감자전분 1/2컵
• 식용유 3컵 + 1큰술

반죽
• 감자전분 1컵
• 물 1컵(200㎖)

소스
• 양조간장 1큰술
• 설탕 2큰술
• 매실청 1큰술
• 식초 2큰술
• 물 6큰술
• 물전분(감자전분 1큰술 + 물 1큰술)

3 냄비에 식용유(3컵)를 넣고 160℃로 끓인다. ②를 넣고 중간 불에서 4~6분간 튀긴 후 체에 밭쳐 기름을 뺀다.

• 한번 더 튀기면 더욱 바삭해요.

4 볼에 물전분을 제외한 소스 재료를 넣고 섞는다.

5 달군 팬에 식용유(1큰술), 오이, 당근, 목이버섯을 넣고 센 불에서 30초간 볶은 후 ④의 소스를 넣고 끓이다가 물전분을 넣어 걸쭉하게 농도를 맞춘다. 그릇에 가지튀김을 담고 소스를 뿌린다.

버섯 두부 강정

아이들이 특히 좋아하는 강정 요리예요. 두부를 너무 작게 썰어서 튀기면
딱딱해지니 주의해요. 마지막에 견과류를 뿌려도 맛있답니다.

1 두부는 사방 1.5cm 크기로 썬 후 소금(1/3작은술)을 뿌린다.

2 표고버섯은 밑동을 떼고 4등분한다. 느타리버섯은 먹기 좋은 크기로 찢은 후 소금(1/3작은술)을 뿌린다.

😊 2인분

⏱ 25~35분

재
료

• 두부 1/2모(150g)
• 표고버섯 3개(75g)
• 느타리버섯 1줌(50g)
• 소금 2/3 작은술
• 감자전분 3큰술
• 식용유 3컵
• 통깨 1큰술

반죽
• 감자전분 1컵
• 밀가루 1컵
• 물 2컵(400㎖)

소스
• 양조간장 1큰술
• 설탕 1큰술
• 식초 1큰술
• 물 2큰술
• 참기름 1작은술

3 위생팩에 두부, 감자전분(3큰술)을 넣고 골고루 묻힌 후 버섯을 넣고 다시 골고루 묻힌다.

4 볼에 반죽 재료를 섞은 후 ③을 넣어 섞는다. 냄비에 식용유를 넣고 180℃로 끓인다. 두부와 버섯을 넣고 중간 불에서 2~3분간 노릇하게 튀긴다.

5 달군 팬에 소스 재료를 넣고 중간 불에서 끓여 끓어오르면 ④의 튀김을 넣고 1분~1분 30초간 섞는다. 그릇에 담고 통깨를 뿌린다.

감자투생이

감자투생이는 감자 건더기에 녹말가루를 섞어 만든 강원도 지역의 떡으로,
집에서도 어렵지 않게 만들 수 있어요. 좋아하는 재료를 넣어 다양하게
변형해보세요.

가라앉은 감자 전분

1 감자는 필러로 껍질을 벗긴 후 강판(또는 푸드프로세서)에 간다.

2 면포에 감자 간 것을 넣고 물기를 짠 다음 물과 건더기를 따로 둔다. 물은 20분간 가만히 두어 전분을 가라앉히고 윗물은 버린다.

😊 2~3인분

⏰ 45~55분

재
료

• 감자 2개(400g)
• 고구마 1/2개(100g)
• 옥수수 알갱이 1/2개분
• 생강낭콩 3큰술(30g)
• 생완두콩 3큰술(30g)
• 소금 1/3작은술
• 참기름 1/2작은술

3 고구마는 필러로 껍질을 벗기고 사방 1cm 크기로 썬다.

4 볼에 감자 건더기, 가라앉힌 전분, 소금, 참기름을 넣고 섞은 후 고구마, 옥수수 알갱이, 강낭콩, 완두콩을 넣어 섞는다.

5 한입 크기로 모양을 만든 후 김이 오른 찜기에 넣고 센 불에서 20분간 찐다.
• 마지막에 참기름을 바르면 더 맛있어요. 기호에 따라 설탕을 뿌려도 좋아요.

(tip) 말린 콩을 사용할 경우 6시간 정도 물에 불린 후 5~7분간 삶아서 사용해요. 밤, 대추, 은행 등을 더해도 맛있어요.

두
부
굴
림
만
두

굴림만두는 만두피를 사용하지 않고 전분만 묻혀 찌는 이색 만두예요. 만들기 간편해
아이들과 함께 준비해도 좋답니다. 너무 오랜 시간 찌면 모양이 흐트러지니 주의해요.

1 두부는 면포에 넣고 손으로
으깨며 물기를 뺀다.

2 숙주, 미나리는 각각 끓는 물에
1분 30초씩 데친다. 찬물에 헹궈
물기를 짜고 0.5cm 두께로 썬다.

😊 2인분

⏰ 30~40분

재
료

• 두부 1모(300g)
• 숙주 2줌(100g)
• 미나리 1/2줌(25g, 또는 시금치, 애호박)
• 표고버섯 2개(50g)
• 당근 1/6개(35g)
• 익은 배추김치 1컵(150g)
• 감자전분 1컵

양념
• 소금 1/2작은술
• 통깨 1작은술
• 참기름 1/2큰술

3 밑동을 뗀 표고버섯, 당근은 잘게
다진다. 배추김치는 속을 털어낸
후 0.5cm 두께로 잘게 썬다.

4 볼에 감자전분을 제외한 모든
재료와 양념 재료를 넣고 섞은 후
한입 크기(15~20g)로 동그랗게
빚는다.

5 감자전분을 묻힌 후 김이 오른 찜기에 넣고 센 불에서 5~6분간 찐다.

버섯 무 만두

레시피 138쪽

천연 소화제라고도 불리는 무를 이용한 만두예요. 무를 오래 볶으면 아삭한 식감이 없어지므로
짧은 시간 볶아 식감을 살리는 게 중요해요. 만두 양념장은 미리 만들어 일주일 정도 숙성시키면
더 맛있어요.

애 호 박 당 면 만 두

레시피 140쪽

스님에게 처음 이 레시피를 배울 때가 기억나요. 애호박만으로 과연 맛이 날까 의문이 들었는데
맛보자마자 감탄사가 나왔지요. 재료 본연의 감칠맛과 담백한 맛이 아주 매력적이랍니다.

버
섯
무
만
두

1 건표고버섯은 물에 담가 20분간 불린다. 무는 0.3cm 두께로 채 썬다.
· 슬라이스 건표고버섯이 크다면 가늘게 채 썰어요.

😊 14~16개분

🕐 45~55분

재
료

- 만두피 1팩
- 무 1/2개(500g)
- 슬라이스 건표고버섯 2/3컵
  (또는 말린 표고버섯 3~5개)
- 두부 1/2모(150g)
- 식용유 1/2큰술
- 참기름 1큰술
- 통깨 1큰술

버섯 양념
- 국간장 1/2작은술
- 참기름 1/2작은술

양념장
- 다진 청고추 1개분
- 다진 홍고추 1개분
- 양조간장 1큰술
- 식초 1큰술
- 설탕 2/3큰술
- 통깨 1작은술

2 무에 소금(1작은술)을 뿌려 10분간 절인 후 물기를 꽉 짠다.

3 두부는 면포에 넣고 손으로 으깨며 물기를 뺀다.

4 달군 팬에 식용유, 무를 넣고 센 불에서 30초간 볶은 후 덜어둔다.

5 건표고버섯은 버섯 양념과 섞은 후 달군 팬에 넣고 중간 불에서 30초간
 볶는다.

6 볼에 두부, 무, 표고버섯,
 참기름(1큰술), 통깨(1큰술)를
 넣고 섞는다.

7 만두피 가장자리에 물을 조금
 묻히고 만두속을 넣은 후
 만두를 빚는다.

8 김이 오른 찜기에 넣고 센 불에서 5분간 찐다. 양념장을 섞어 곁들인다.

애
호
박
당
면
만
두

😊 14~16개분

⏱ 35~45분

재
료

- 만두피 1팩
- 애호박 2개(540g)
- 당면 1줌(50g)
- 표고버섯 2개(50g)
- 들기름 1큰술
- 소금 약간

당면 밑간
- 국간장 1/3작은술
- 들기름 1/2큰술

1 애호박은 3등분해서 돌려깎기 한 후 0.2cm 두께로 채 썬다.

2 애호박에 소금(1작은술)을 뿌려 15분간 절인 후 물기를 꽉 짠다.

3 표고버섯은 밑동을 떼고 0.2cm 두께로 썬다.

4 달군 팬에 들기름(1큰술), 물(1큰술)을 두르고 표고버섯, 소금을 넣어 중간 불에서 30초간 볶는다.

5 끓는 물에 당면을 넣고 센 불에서 6분간
　삶은 후 체에 밭쳐 물기를 뺀다.

6 큰 볼에 당면을 넣고 가위로 잘게 자른 후
　당면 밑간 재료를 넣고 섞는다.

7 ⑥의 볼에 애호박, 표고버섯을 넣고
　섞는다.

8 만두피 가장자리에 물을 조금 묻히고
　만두속을 넣은 후 만두를 빚는다. 김이 오른
　찜기에 넣고 센 불에서 5~6분간 찐다.

애
호
박
숙
회

숙회는 고기나 생선, 채소를 살짝 익혀서 먹는 음식을 말해요. 많은 재료
필요 없이 애호박에 고명을 올리면 간단하지만 정갈한 한식 요리가 완성됩니다.

1 애호박은 길게 2등분한 후
숟가락으로 씨를 파낸다.
김이 오른 찜기에 넣고 센 불에서
3~4분간 익힌다.

2 밑동 뗀 표고버섯, 당근은
2.5cm 길이로 얇게 썬다.
홍고추, 청고추는 굵게 다진다.

😊 2인분

⏰ 25~30분

재
료

• 애호박 1개(270g, 또는 가지)
• 표고버섯 1개(25g, 또는 다른 버섯)
• 당근 1/5개(40g)
• 홍고추 1/2개
• 청고추 1/2개

양념
• 양조간장 1큰술
• 고춧가루 1/2작은술
• 식초 1/2큰술
• 조청 1/2큰술
• 참기름 1큰술
• 통깨 1/2큰술

3 달군 팬에 표고버섯, 당근을
넣고 중간 불에서 1분간 볶는다.

4 볼에 양념 재료를 섞은 후
표고버섯, 당근, 홍고추, 청고추를
넣고 섞는다.

5 애호박을 0.5cm두께로 썰어 그릇에 담고 ④를 올린다.

배
추
선

제철 배추의 단맛을 가장 자연스럽게 느낄 수 있는 메뉴가 배추선이에요.
배추를 너무 익혀 물러지지 않도록 아삭한 식감을 살리는 것이 포인트입니다.

1 알배기배추는 길게 4등분한 후 소금(1/2큰술)을 뿌려 10분간 절인다.

⊕ 2~3인분

⏱ 20~30분

재
료

• 알배기배추 1통(600g)
• 오이 1/2개(100g)
• 당근 1/3개(70g)
• 표고버섯 1개(25g)
• 숙주 2줌(100g)

숙주 양념
• 소금 1/2 작은술
• 국간장 1/2작은술
• 참기름 1작은술

소스
• 양조간장 1큰술
• 설탕 1큰술
• 식초 1큰술
• 레몬즙 1/2큰술
• 들기름 1/2큰술
• 통깨 약간

2 오이, 당근, 밑동 뗀 표고버섯은 가늘게 채 썬 후 달군 팬에 넣고 센 불에서 15초간 볶는다.

3 끓는 물에 숙주를 넣고 30초간 데친다. 찬물에 헹궈 손으로 물기를 짠 후 숙주 양념 재료를 넣고 버무린다.

4 알배기배추 잎 사이사이에 ②의 채소, 숙주를 나눠 넣는다.

5 김이 오른 찜기에 넣고 센 불에서 8분간 찐다. 그릇에 담고 소스를 섞어 뿌린다.

버섯배추찜

조리법 중에 소화가 가장 잘 되는 것이 바로 찜이에요. 배추에 버섯과 숙주를 넣고 쪄서 속에 부담을 주지 않고 담백하게 즐길 수 있답니다.

1 느타리버섯은 먹기 좋은 크기로 찢고, 표고버섯은 밑동을 떼고
   0.3cm 두께로 썬다.

☺ 2~3인분

⏱ 20~25분

재
료

• 알배기배추 10장(또는 양배추)
• 느타리버섯 2줌(100g)
• 표고버섯 2개(50g)
• 숙주 1봉(200g)

  소스
• 다진 고추 2개분(청고추 또는 홍고추)
• 양조간장 2큰술
• 식초 1/2큰술
• 유자청 1큰술
• 생수 1큰술

2 찜기에 배춧잎 2장을 깔고
   느타리버섯, 표고버섯, 숙주를
   나눠 올린다.

3 다시 배춧잎으로 덮는다.
   ②, ③과정을 반복한 후
   맨위를 배춧잎으로 덮는다.
   김이 오른 찜기에 올려 센 불에서
   7~8분간 찐다.
   • 너무 오래 찌면 배추가 물러지니 주의해요.

tip 버섯, 숙주 대신 애호박, 당근 등
다양한 채소를 채 썰어 사용해도 좋아요.

4 길게 2등분한 후 한입 크기로 썬다. 소스를 섞어 곁들인다.

된장 소스 채소 찜

누구나 먹기 좋은 부드러운 채소찜입니다. 채소 본연의 맛을 잘 느낄 수 있도록
채소에는 간을 하지 않고, 맛이 강하지 않은 된장 소스를 곁들였어요.

1 알배기배추는 길게 2~3등분하고, 청경채는 2등분한다. 양배추는 먹기 좋은 크기로 썬다.

😊 2인분

🕐 25~35분

재
료

• 알배기배추 1/3통(200g)
• 청경채 2개(60g)
• 양배추 1/6통(약 250g)
• 브로콜리 1/4개(약 70g)
• 표고버섯 2개(50g, 또는 다른 버섯)
• 고구마 1/2개(100g)

된장 소스
• 된장 2큰술
• 설탕 1/4큰술
• 조청 1/2큰술
• 꿀 1/2큰술
• 식초 1큰술
• 올리브유 1큰술

2 브로콜리, 고구마는 먹기 좋은 크기로 썰고, 표고버섯은 밑동의 딱딱한 부분을 잘라낸다.

3 김이 오른 찜기에 모든 채소를 넣고 센 불에서 7~10분간 찐다.
   • 재료에 따라 찌는 시간을 가감해요.

4 된장 소스를 섞어 곁들인다.

tip 된장 소스에 설탕, 조청, 꿀을 사용하면 많이 달지 않으면서도 풍부한 단맛을 낼 수 있어요. 조청과 꿀은 한 가지만 사용해도 좋아요.

4

국물 요리와 반찬

지친 몸과 마음을 달래 주는

일상의 요리

나물 된장국

봄철에는 냉이, 달래 등 향긋한
봄나물로, 평소에는 취나물, 시금치 등
냉장고에 있는 재료로 언제든 쉽게
끓일 수 있는 국이에요. 너무 오래
끓이면 나물의 향과 식감이
나빠지므로 주의해요.

1 냄비에 채수 재료를 넣고 센 불에서 끓어오르면 다시마를 건진다. 약한 불로 줄여 10분간 더 끓인 후 나머지 건더기를 건진다.

* 표고버섯, 무는 따로 덜어둬요.

⊙ 2~3인분

⏱ 25~35분

재
료

• 취나물 2줌(100g, 또는 시금치, 냉이, 달래)
• 얼갈이배추 2~3개(100g)
• 두부 1/2모(150g)
• 홍고추 1개
• 소금 약간

채수
• 물 7컵(1.4ℓ)
• 슬라이스 건표고버섯 2/3컵
  (또는 건표고버섯 3~5개)
• 무 지름 10cm 두께 0.5cm(50g)
• 다시마 5×5cm 5장

나물 양념
• 들깻가루 2큰술
• 국간장 1큰술
• 된장 2큰술

2 취나물은 끓는 소금물(물 3컵 + 소금 1/2큰술)에 1분간 데친 후 찬물에 헹궈 물기를 짠다. 나물 양념 재료를 넣고 버무린다.

3 얼갈이배추는 2cm 두께로 썰고, 홍고추는 어슷 썬다.

4 두부는 사방 1.5cm 크기로 썰고, 채수의 무는 먹기 좋은 크기로 얇게 썬다.

5 냄비에 채수(5컵), 취나물, 얼갈이배추, 두부, 채수의 무와 표고버섯을 넣고 센 불에서 6~7분, 홍고추, 소금을 넣고 1분간 끓인다.

채
식
김
치
찌
개

고기가 빠진 김치찌개라 아쉽다고 생각할 수 있지만, 담백하고 깔끔한
국물 맛을 보고 나면 그런 생각이 싹 사라질 거예요. 고춧가루가
너무 많이 들어가면 텁텁할 수 있으니 배추김치의 고춧가루 양에 따라
찌개에 들어가는 고춧가루 양을 조절하는 게 좋아요.

1 냄비에 채수 재료를 넣고 센 불에서
끓어오르면 다시마를 건진 후
약한 불로 줄여 10분간 더 끓인다.

• 표고버섯은 따로 덜어둬요.

2 두부는 1cm 두께로 썰고,
청고추와 홍고추는 어슷 썬다.
배추김치는 3cm 폭으로 썬다.

😊 2~3인분

🕐 25~30분

재
료

• 잘 익은 배추김치 2와 1/3컵(400g)
• 두부 1/2모(150g)
• 청고추 1/2개
• 홍고추 1/2개
• 들기름 1큰술
• 고춧가루 2큰술
• 국간장 1큰술
• 소금 1/2큰술(김치 염도에 따라 가감)

　채수
• 물 7컵(1.4ℓ)
• 슬라이스 건표고버섯 2/3컵
　(또는 건표고버섯 3~5개)
• 다시마 5×5cm 5장

3 달군 냄비에 배추김치, 채수의 표고버섯, 들기름, 고춧가루를 넣고 버무려
중약 불에서 2~3분간 볶는다.

• 배추김치가 덜 익은 경우 식초를 조금 더해요.

4 냄비에 채수(5컵)를 붓고
센 불에서 5분간 끓인 후 국간장,
소금을 넣는다.

5 두부, 청고추, 홍고추를 넣고
센 불에서 2~3분간 더 끓인다.

버섯 순두부찌개

고춧가루로 칼칼하게 맛을 내고 미나리로 시원한 맛을
더한 순두부찌개에요. 무와 버섯을 양념에 볶다가 끓여서
훨씬 깊은 맛이 난답니다.

1 냄비에 채수 재료를 넣고 센 불에서
   끓어오르면 다시마를 건진 후
   약한 불로 줄여 10분간 더 끓인다.
   • 표고버섯은 따로 덜어둬요.

2 참느타리버섯은 먹기 좋은 크기로
   찢고, 무는 연필을 깎듯이 얇게
   빗겨 썬다.

😊 2~3인분

🕐 25~30분

재
료

• 순두부 1봉(350g)
• 참느타리버섯 1줌(50g)
• 무 100g
• 미나리 1/2줌(25g)
• 청고추 1개
• 홍고추 1개
• 소금 1/2작은술

  채수
• 물 7컵(1.4ℓ)
• 슬라이스 건표고버섯 2/3컵
  (또는 건표고버섯 3~5개)
• 다시마 5×5cm 5장

  양념
• 고춧가루 2와 1/2큰술
• 국간장 1과 1/2큰술
• 들기름 1큰술

3 미나리는 5cm 길이로 썰고,
   청고추, 홍고추는 어슷 썬다.

4 달군 냄비에 무, 참느타리버섯,
   채수의 표고버섯, 양념 재료를
   넣고 버무려 중간 불에서 1분간
   볶은 후 채수(5컵)를 붓고 5분간
   끓인다.

5 순두부를 넣고 5분간 더 끓인 후 미나리, 청고추, 홍고추, 소금을 넣는다.

엉긴콩 무찌개

입맛이 없을 때 영양식으로
추천하는 메뉴예요. 콩을
갈아서 넣는 국물 요리로,
고소한 맛은 물론, 건강하고
든든하기까지 하답니다.

만들기

1 메주콩은 물에 담가 6시간 불린 후 체에 밭쳐 물기를 뺀다. 믹서에 불린 메주콩, 물(1컵)을 넣고 곱게 간다.

2 냄비에 채수 재료를 넣고 센 불에서 끓어오르면 다시마를 건진다. 약한 불로 줄여 10분간 더 끓인 후 나머지 건더기를 건진다.

😊 2~3인분

🕐 30~40분(+ 콩 불리기 6시간)

재
료

• 메주콩 1컵(140g, 또는 검은콩)
• 무 지름 10cm 두께 1.5cm(150g)
• 미나리 1줌(50g)
• 청고추 1/2개
• 홍고추 1/2개
• 소금 1작은술(기호에 따라 가감)

　채수
• 물 7컵(1.4ℓ)
• 슬라이스 건표고버섯 2/3컵
　(또는 건표고버섯 3~5개)
• 다시마 5×5cm 5장

　양념
• 고춧가루 2큰술
• 국간장 1큰술
• 들기름 1큰술

3 무는 0.5cm 두께로 나박 썰고, 미나리는 3cm 길이로 썬다. 청고추와 홍고추는 어슷 썬다.

4 달군 냄비에 무, 양념 재료를 넣고 버무린 후 중간 불에서 30초~1분간 볶는다.

5 채수(6컵)를 붓고 중간 불에서 8~10분간 끓인 후 무가 익으면 ①의 콩을 넣고 4분, 소금, 청고추, 홍고추를 넣고 1분간 끓인다. 미나리를 넣고 불을 끈다.

　• 기호에 따라 미나리를 넣고 살짝 익혀도 좋아요.

국물 요리와 반찬　**159**

서리태 순두부

집에서도 조금만 시간과 정성을 들이면 몽글몽글한 순두부를 만들 수 있어요. 두부를 끓일 때 한번에 확 끓어오르기 때문에 주의해야 하는데, 참기름을 조금 넣으면 끓어넘치는 것을 막을 수 있어요.

만
들
기

1 검은콩은 물에 담가 10시간 불린다. 믹서에 불린 검은콩을 넣고
물(5컵)을 나눠 넣으면서 곱게 간다.

☺ 2~3인분

⏰ 45~50분(+ 콩 불리기 10시간)

재
료

- 검은콩 2컵(200g, 또는 메주콩)
- 물 10컵(2ℓ)
- 간수(식초 2큰술 + 천일염 1큰술)

양념장
- 다진 청고추 1/2개분
- 다진 홍고추 1/2개분
- 양조간장 2큰술
- 고춧가루 1큰술
- 설탕 1/4큰술
- 통깨 1/2큰술
- 참기름 1/2큰술

2 깊은 냄비에 물(10컵)을 넣고
센 불에서 끓어오르면 ①을
넣는다. 중간 불로 줄여 천천히
저어가며 끓어오를 때까지 끓인다.

3 체에 젖은 면포를 깔고 ②의
끓인 콩물을 부은 후 손으로
눌러가며 건더기(콩비지)와
콩물을 분리한다.

4 냄비에 거른 콩물만 붓는다.
약한 불에서 끓어오르면 불을
끄고 간수를 넣으며 살살 젓는다.

5 체에 젖은 면포를 깔고 ④를 부어
가볍게 물기를 뺀다. 그릇에 담고
양념장을 섞어 곁들인다.

tip 과정 ③에서 거른 콩비지는 비지찌개,
전 등에 활용하세요.

고사리의 부드러운 식감과 들깻가루를 더한 국물이 잘 어울려요.
밥 없이 고사리 두부탕만 먹어도 충분한 한 끼가 된답니다.
두부는 마지막에 넣어야 부서지지 않아요.

고
사
리
두
부
탕

만들기

1 냄비에 채수 재료를 넣고 센 불에서 끓어오르면 다시마를 건진 후 약한 불로 줄여 10분간 더 끓인다.

• 표고버섯은 따로 덜어둬요.

2 애호박은 0.5cm 두께로 편 썰고, 두부는 사방 1.5cm 크기로 썬다.

👤 2~3인분

⏱ 20~25분

재
료

• 삶은 고사리 100g
• 애호박 1/2개(135g)
• 두부 1/2모(150g)
• 들기름 2큰술
• 들깻가루 1/4컵
• 멥쌀가루 3큰술
• 소금 1/4작은술

채수
• 물 7컵(1.4ℓ)
• 슬라이스 건표고버섯 2/3컵
  (또는 건표고버섯 3~5개)
• 다시마 5×5cm 5장

고사리 양념
• 국간장 1큰술
• 들기름 1큰술

3 삶은 고사리는 5cm 길이로 썬다. 볼에 고사리, 채수의 표고버섯, 고사리 양념 재료를 넣고 버무린다.

(tip) 말린 고사리는 물에 담가 6시간 불린 후 20~30분간 삶아서 사용해요. 이때 소금을 약간 넣으면 고사리 특유의 쓴맛을 줄일 수 있어요.

4 달군 냄비에 들기름(2큰술)을 두르고 ③을 넣어 중간 불에서 1분간 볶은 후 채수(3과 1/2컵)를 붓고 3~4분간 끓인다.

5 들깻가루, 멥쌀가루를 넣어 푼 후 애호박, 두부를 넣는다. 센 불에서 3~4분간 끓인 후 소금을 넣는다.

시래기버섯감자탕

사찰을 다니다 보면
말리고 있는 무청을 많이
볼 수 있어요. 이렇게 말린
무청은 반찬으로, 국으로
겨우내 좋은 재료가
되지요. 시래기를 듬뿍
넣어 만든 푸짐한
감자탕을 소개합니다.

만들기

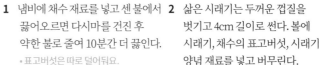

1 냄비에 채수 재료를 넣고 센 불에서
끓어오르면 다시마를 건진 후
약한 불로 줄여 10분간 더 끓인다.

· 표고버섯은 따로 덜어둬요.

2 삶은 시래기는 두꺼운 껍질을
벗기고 4cm 길이로 썬다. 볼에
시래기, 채수의 표고버섯, 시래기
양념 재료를 넣고 버무린다.

😊 2~3인분

⏱ 35~40분

재
료

· 삶은 시래기 4줌(250g)
· 감자 2개(400g)
· 깻잎 6장
· 청고추 1개
· 홍고추 1개
· 소금 1/2큰술
· 들깻가루 1큰술

채수
· 물 7컵(1.4ℓ)
· 슬라이스 건표고버섯 2/3컵
  (또는 건표고버섯 3~5개)
· 다시마 5×5cm 5장

시래기 양념
· 국간장 2큰술(된장 염도에 따라 가감)
· 된장 2큰술
· 고춧가루 3큰술
· 들깻가루 3큰술
· 들기름 1큰술

3 감자는 크기에 따라 2~4등분하고, 깻잎은 2cm 두께로 썬다.
청고추, 홍고추는 송송 썬다.

4 냄비에 채수(5컵)를 붓고
센 불에서 끓어오르면 감자를
넣어 3분간 끓인다.

5 ②를 넣고 중간 불에서 10~12분간
끓인 후 청고추, 홍고추를 넣고
1분간 더 끓인다. 불을 끄고 소금,
깻잎, 들깻가루를 넣는다.

tip 말린 시래기는 물에 담가 6시간 불린 후
30~40분간 삶아서 사용해요.

애쑥탕

애쑥탕은 봄철 어린 쑥을 날콩가루에 묻혀 끓이는 향긋한 국물 요리입니다.
쑥 외에 다른 재료가 들어가지 않아 쑥의 향과 콩가루의 고소한 맛을 제대로
느낄 수 있지요.

1 냄비에 채수 재료를 넣고 센 불에서
끓어오르면 다시마를 건진 후
약한 불로 줄여 10분간 더 끓인다.

• 표고버섯, 무는 따로 덜어둬요.

2 채수의 무는 먹기 좋게 썬다.

😊 2~3인분

🕐 20~25분

재
료

• 쑥 100g
• 볶은 콩가루 1/2컵(또는 들깻가루)
• 국간장 1/2작은술(된장 염도에 따라 가감)
• 된장 2큰술

채수
• 물 7컵(1.4ℓ)
• 슬라이스 건표고버섯 2/3컵
  (또는 건표고버섯 3~5개)
• 무 지름 10cm 두께 0.5cm(50g)
• 다시마 5×5cm 5장

3 볼에 쑥, 볶은 콩가루를 넣고 살살 버무린다.

4 냄비에 채수(6컵)를 붓고
센 불에서 끓어오르면 채수의
표고버섯과 무, 쑥을 넣어
중간 불에서 5분간 끓인다.

5 국간장, 된장을 풀고 끓어오르면
불을 끈다.

우엉탕

우엉탕이 생소할 수 있지만 우엉의 맛과 향이 국물에 고스란히 녹아 구수한
맛이 아주 좋답니다. 우엉을 들기름과 국간장에 버무려 볶는 과정에서
맛 차이가 많이 나기 때문에 타지 않게 볶는 것이 중요해요.

1 냄비에 채수 재료를 넣고 센 불에서 끓어오르면 다시마를 건진다. 약한 불로 줄여 10분간 더 끓인 후 나머지 건더기를 건진다.
  • 표고버섯은 따로 덜어둬요.

2 우엉은 필러로 껍질을 벗긴 후 0.3cm 두께로 어슷 썰어 물에 담가둔다.

3 두부는 사방 1.5cm 크기로 썬다. 청고추, 홍고추는 어슷 썬다.

4 냄비에 들기름, 우엉, 채수의 표고버섯을 넣고 중간 불에서 1분간 볶은 후 채수(5컵), 두부를 넣어 5분간 끓인다.

😊 2~3인분

🕐 20~25분

재
료

• 우엉 1줄기(130g)
• 두부 1/2모(150g)
• 청고추 1개
• 홍고추 1개
• 들기름 1큰술
• 들깻가루 3큰술
• 국간장 1큰술
• 소금 1작은술

  채수
• 물 7컵(1.4ℓ)
• 슬라이스 건표고버섯 2/3컵
  (또는 건표고버섯 3~5개)
• 무 지름 10cm 두께 0.5cm(50g)
• 다시마 5×5cm 5장

5 우엉이 익으면 들깻가루를 넣고 다시 끓어오르면 국간장, 소금, 청고추, 홍고추를 넣은 후 1분간 더 끓인다.

가지냉국

여름철 별미로 좋은 가지냉국입니다. 가지를
한번 쪄서 사용해 부드럽게 즐길 수 있어요.
매운 음식을 먹을 때 곁들여도 잘 어울립니다.

1 냄비에 채수 재료를 넣고
센 불에서 끓어오르면 다시마를
건진다. 약한 불로 줄여 10분간 더
끓인 후 나머지 건더기를 건진다.

2 가지는 손가락 굵기로 썰고,
오이는 채 썬다. 홍고추는 송송
썬 후 물에 헹궈 씨를 뺀다.

😊 2~3인분

⏱ 20~25분(+ 냉장고에서 차갑게 식히는 시간)

재
료

- 가지 2개(300g)
- 오이 1/2개(100g)
- 홍고추 1개
- 통깨 1작은술

채수
- 물 7컵(1.4ℓ)
- 슬라이스 건표고버섯 2/3컵
  (또는 건표고버섯 3~5개)
- 다시마 5×5cm 5장

양념
- 국간장 2큰술
- 식초 3큰술
- 설탕 1과 1/2큰술
- 참기름 1/2작은술
- 소금 1작은술

3 김이 오른 찜기에 가지를 넣고
센 불에서 4분간 찐다. 한김 식힌
후 물기를 꽉 짠다.

4 볼에 채수(5컵), 양념 재료를 넣고
섞은 후 냉장고에 넣어 차갑게
식힌다.

5 ④의 국물에 가지, 오이를 넣고 섞은 후 홍고추, 통깨를 넣는다.

콩나물 무생채

😊 2인분
🕐 20~25분
🗍 냉장 4~5일

오이고추 된장무침

😊 2~3회분
🕐 15~20분
🗍 냉장 1~2주

- 무 지름 10cm 두께 2.5cm(250g)
- 콩나물 2줌(100g)

무절임
- 설탕 1작은술
- 소금 1/2작은술

양념
- 고춧가루 1/2큰술
- 설탕 1작은술
- 소금 1/3작은술
- 식초 2작은술
- 통깨 1/2큰술

2   3

1   무는 0.3cm 두께로 채 썬다.

2   볼에 무, 무절임 재료를 넣고 섞어 10분간 절인 후 손으로 물기를 꽉 짠다.

3   냄비에 콩나물, 물(1컵), 소금(1/2작은술)을 넣고 섞은 후 뚜껑을 덮는다. 중약 불에서 끓어오르면 3분 30초간 익힌 후 체에 밭쳐 한김 식힌다.

4   볼에 무, 콩나물, 양념 재료를 넣고 버무린다.

- 오이고추 10개(또는 청양고추)

양념
- 된장 2큰술
- 고추장 1큰술
- 매실청 1큰술
- 조청 1큰술
- 참기름 1/2큰술
- 통깨 1/2큰술

2   3

1   오이고추는 꼭지를 짧게 자른다.

2   볼에 양념 재료를 넣고 섞는다.

3   오이고추에 양념을 골고루 바른 후 밀폐용기에 담는다.
    • 먹기 직전에 잘라 먹어요.

두부장아찌

😊 3~4회분
⏰ 20~25분
📦 냉장7일

김장아찌

😊 4~5회분
⏰ 25~30분
📦 냉장 4주

재
료

• 두부 1모(300g)

장아찌 국물
• 물 1컵(200㎖)
• 양조간장 3/4컵(150㎖)
• 조청 1컵
• 슬라이스 건표고버섯 1/2컵
  (또는 건표고버섯 2~3개)
• 다시마 5×5cm 2장

부침유
• 식용유 3큰술
• 들기름 1큰술

만
들
기

1

3

1 냄비에 장아찌 국물 재료를 넣고 중간 불에서 끓어오르면
약한 불로 줄여 2~3분간 끓인 후 완전히 식힌다.

2 두부는 1×1×5cm 크기로 길쭉하게 썬다.

3 달군 팬에 부침유를 두르고 두부를 넣어 중간 불에서 5~6분간
노릇하게 굽는다.

4 밀폐용기에 두부를 넣고 장아찌 국물을 붓는다.
냉장고에 넣고 2~3일 후 먹는다.

재
료

• 김밥 김 20장

장아찌 국물
• 물 2컵(400㎖)
• 양조간장 1/2컵(100㎖)
• 식초 1과 1/2큰술
• 소주 1큰술(또는 청주)
• 설탕 1/4컵
• 조청 1/2컵

만
들
기

1

3

1 냄비에 장아찌 국물 재료를 넣고 중간 불에서 끓어오르면
약한 불로 줄여 15분간 끓인 후 완전히 식힌다.

2 김밥 김은 열십자(+)로 4등분한다.

3 밀폐용기에 김을 2~3장 넣고 장아찌 국물을 1큰술씩 붓는 과정을
반복한다. 냉장고에 넣고 2~3일 후 먹는다.
• 참기름, 통깨를 뿌려서 먹으면 더욱 맛이 좋아요.

고
추
장
아
찌

☺ 6~7회분
⏱ 25~35분
❄ 냉장 4주

참
외
장
아
찌

☺ 7~8회분
⏱ 15~20분
❄ 냉장 2~3주

• 오이고추 30개(또는 청양고추)

장아찌 국물
• 양조간장 2컵
• 현미식초 1컵(또는 다른 식초)
• 맛술 1컵
• 청주 1컵
• 설탕 2컵

1   1

2   2

1 냄비에 장아찌 국물 재료를 넣고 중간 불에서 끓어오르면
    불을 끄고 완전히 식한다.

2 오이고추는 꼭지를 짧게 자른 후 포크나 이쑤시개를 이용해
    2~3군데씩 찌른다.
      • 구멍을 뚫으면 국물이 잘 스며들어요.

3 밀폐용기에 오이고추를 담고 장아찌 국물을 붓는다.
    냉장고에 넣고 일주일 후에 먹는다.
      • 오이고추가 국물에 뜨지 않도록 그릇 등으로 눌러줘요.

• 참외 4~6개(1.2kg)
• 참기름 약간
• 통깨 약간

장아찌 국물
• 설탕 1컵
• 소금 1/2컵
• 식초 1컵

1   3

1 참외는 2등분한 후 씨를 파내고 0.5cm 두께로 썬다.

2 볼에 장아찌 국물 재료를 넣고 섞는다.

3 밀폐용기에 참외를 넣고 장아찌 국물을 부은 후 냉장고에 6시간 동안
    넣어둔다.

4 국물을 꽉 짠 후 참기름, 통깨를 넣고 무친다.
      • 냉면, 비빔국수에 올려 먹어도 맛있어요.

도
라
지
김
치

도라지에는 사포닌 성분이 풍부해서 약용으로도 많이 이용돼요.
도라지를 소금에 절이면 쓴맛이 줄어드는데, 이때 너무 오래 절이면
사포닌 성분이 빠질 수 있으므로 주의해요.

1 도라지는 6cm 길이로 썬다. 물(5큰술), 소금(1/2작은술)을 넣고 섞어
10분간 절인 후 헹궈 물기를 꽉 짠다.
　• 통도라지는 6cm 길이로 썬 후 먹기 좋게 편 썰어요.

😊 **2인분**

⏱ **20~30분**

재
료

• 손질 도라지 2줌(140g)
• 미나리 1줌(50g, 또는 오이)

　감초물(생략 가능)
• 감초 5개
• 물 1컵(200㎖)

　양념
• 고춧가루 1큰술
• 다진 청고추 1개분
• 다진 생강 1/2큰술
• 소금 1/4작은술
• 설탕 2작은술
• 매실청 1작은술
• 통깨 1작은술

2 냄비에 물(1컵)을 넣고 중간 불에서
끓어오르면 감초를 넣고 불을
끈 후 10분간 우린다.

3 미나리는 4~5cm 길이로 썬다.

tip 감초 우린 물은 따뜻하게 차로
마셔도 좋아요. 감초가 없을 경우
감초물 대신 생수 2큰술을 넣어요.

4 볼에 ②의 감초물(또는 생수,
2큰술), 양념 재료를 넣고 섞는다.

5 도라지, 미나리를 넣고 버무린다.

상추 물김치

상추 물김치는 절에서 스님들께서 많이 담가 먹는 김치예요. 시원한 국물
맛이 특히 좋아 국수로 즐겨도 맛있답니다. 남는 상추를 활용하기도 좋아요.

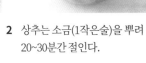

1 냄비에 채수 재료를 넣고
센 불에서 끓어오르면 다시마를
건진다. 약한 불로 줄여 10분간
더 끓인 후 나머지 건더기를
건지고 완전히 식힌다.

2 상추는 소금(1작은술)을 뿌려
20~30분간 절인다.

☺ 3인분

⏱ 25~30분(+ 채수 식히는 시간)

📦 냉장 1~2주

재
료

- 적상추 60장(600g)
- 배 1/2개(또는 사과)
- 밥 4큰술
- 생강즙 1/2큰술
- 고춧가루 3큰술
- 설탕 1과 1/2큰술
- 소금 2작은술(기호에 따라 가감)

채수
- 물 7컵(1.4ℓ)
- 슬라이스 건표고버섯 2/3컵
  (또는 말린 표고버섯 3~5개)
- 다시마 5×5cm 5장

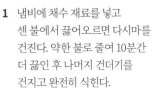

3 믹서에 채수(1컵), 배, 밥을 넣고
곱게 간 후 생강즙을 섞어 볼에
담는다.

4 다른 볼에 채수(4컵)를 담는다.
면포에 고춧가루를 넣은 후
채수에 담가 색을 낸다.

5 ③과 ④를 섞은 후 설탕, 소금을
넣고 섞는다.

6 밀폐용기에 상추를 담고 ⑤의
국물을 붓는다. 실온에 하루 둔 후
먹는다.
  • 상추가 국물에 뜨지 않도록 그릇 등으로
    눌러줘요.

🔄 **응용하기** 소면을 삶아 넣어
국수로 즐겨도 좋아요.

감자옹심이조림

알감자 조림과는 또 다른 매력을 가진 감자 조림 요리예요. 쫀득한 식감과
달콤 짭조름한 양념 덕에 밥도둑이 따로 없답니다. 옹심이 반죽에 전분이
너무 많이 들어가면 옹심이가 딱딱해져요.

가라앉은 감자 전분

1 감자는 필러로 껍질을 벗긴 후 강판(또는 푸드프로세서)에 간다. 면포에 넣고 물기를 꽉 짠 후 물과 건더기를 따로 둔다. 물은 20분간 가만히 두어 전분을 가라앉히고 웃물은 버린다.

2 청양고추, 홍고추는 다진다.

😊 2~3인분

⏰ 45~55분

재
료

• 감자 3개(600g)
• 청양고추 1개(또는 피망 1/4개)
• 홍고추 1개(또는 파프리카 1/4개)
• 통깨 1/2큰술

양념
• 양조간장 3큰술
• 맛술 1/2큰술
• 조청 3큰술
• 물 1/2컵(100mℓ)

3 볼에 감자 건더기, ①의 가라앉힌 전분을 넣고 치댄 후 지름 2cm로 꼭꼭 뭉쳐 옹심이를 만든다.

4 끓는 물에 옹심이를 넣고 익히다가 옹심이가 떠오르면 건져 찬물에 식힌다.

5 냄비에 양념 재료를 넣고 센 불에서 2~3분간 끓인 후 옹심이를 넣고 중간 불에서 4~6분간 조린다. 청양고추, 홍고추, 통깨를 뿌린다.

들깨가지찜

사찰 음식을 공부하다가 가지 콩가루찜을 알게 되었어요. 콩가루 대신
들깻가루를 넣고 만들었더니 고소한 맛과 풍미가 더 좋았지요.
가지는 약간 도톰하게 써는 것이 더욱 맛이 좋답니다.

1 가지는 3등분한 후 길게 4~6등분한다.

2 볼에 가지, 들깻가루, 소금을 넣고 버무린다.

⊕ 2인분

⏰ 25~30분

재
료

- 가지 2개(300g)
- 청고추 1개
- 홍고추 1개
- 들깻가루 3큰술
- 소금 1/2작은술

양념장
- 양조간장 1과 1/2큰술
- 생수 2큰술
- 들기름 1큰술
- 통깨 1/2큰술

3 김이 오른 찜기에 젖은 면포를 깔고 가지를 올려 센 불에서 7분간 찐 후 한김 식힌다.

4 청고추, 홍고추를 다져 양념장 재료와 섞는다.

5 ④의 볼에 가지를 넣고 버무린다.

들기름 김치찜

김치찜은 오래 푹 익혀야
맛있기 때문에
타지 않도록 중간중간
잘 살펴봐야 해요.
같은 이유로 바닥이
두꺼운 냄비를 사용하는
것이 좋습니다.

1 냄비에 채수 재료를 넣고 센 불에서 끓어오르면 다시마를 건진다.
약한 불로 줄여 10분간 더 끓인 후 나머지 건더기를 건진다.

😊 2~3인분

⏰ 50분

재
료

• 익은 배추김치 1/2포기(400g)
• 들기름 2큰술
• 매실액 1큰술
• 국간장 2큰술
• 통깨 약간

채수
• 물 7컵(1.4ℓ)
• 슬라이스 건표고버섯 2/3컵
  (또는 말린 표고버섯 3~5개)
• 무 지름 10cm 두께 0.5cm(50g)
• 다시마 5×5cm 5장

2 배추김치는 꼭지를 살려
길게 2~3등분한다.
• 양념이 많으면 조금 덜어내요.

3 달군 냄비에 들기름을 두르고
배추김치를 넣어 중약 불에서
30초간 들기름이 골고루 묻도록
볶는다.

4 매실액, 국간장을 넣은 후 채수(5컵)를 붓고 센 불에서 끓어오르면
10분간 끓인다. 뚜껑을 덮고 중약 불로 줄여 20~25분간 끓인 후
불을 끄고 10분간 뜸을 들인다. 그릇에 담고 통깨를 뿌린다.

두부 견과소스

만능 맛 소스

맛 을 끌 어 올 리 는
활 용 도 만 점 한 식 소 스

• 모든 소스는 샐러드 드레싱이나 무침 소스, 찍어 먹는 소스로 활용하세요. 미리 만들어 보관하기 좋은 것들은 완성 분량을 넉넉히 잡았어요. 분량을 늘리거나 줄일 때는 비율만 맞추세요.

두부 견과 소스

재료 ———

두부 2/3모(200g), 견과류 2큰술, 유자청 2큰술, 국간장 1/2큰술, 레몬즙 1큰술, 소금 1/3큰술, 들기름 1큰술

만들기

1 푸드프로세서에 모든 재료를 넣고 곱게 간다.

고추 소스

재료 ———

오이고추 10개(200g), 홍고추 6개(60g), 양조간장 1컵, 맛술 1/2컵, 청주 1/2컵, 설탕 1컵, 식초 1/2컵

만들기

1 오이고추, 홍고추는 송송 썬다.

2 냄비에 간장, 맛술, 청주, 설탕을 넣고 중간 불에서 끓어오르면 30초간 끓인 후 식초를 넣고 불을 끈다.

3 밀폐용기에 고추를 담고 ②의 국물을 붓는다. 냉장고에서 2~3일간 숙성시킨다.

고추소스

씨겨자 간장 소스

재료 —

홀그레인 머스터드 1큰술,
양조간장 1큰술, 설탕 1큰술,
식초 1큰술, 올리브유 4큰술,
레몬즙 2큰술, 통후추 간 것 약간

만들기

1 볼에 홀그레인 머스터드, 간장,
   설탕, 식초, 올리브유을 넣고
   거품기로 섞는다.

2 레몬즙, 통후추 간 것을 넣고 섞는다.

레몬 소스

재료 —

레몬즙 1/2컵, 올리브유 1/2컵,
설탕 2와 1/2큰술, 소금 1/3큰술

만들기

1 볼에 레몬즙을 넣고 올리브유를
   조금씩 넣으면서 거품기로 섞는다.

2 설탕, 소금을 넣고 거품기로 섞는다.

간장소스

재료 ─

양조간장 2큰술, 생수 2큰술,
식초 2큰술, 설탕 2큰술,
참기름 약간

만들기

1 볼에 모든 재료를 넣고 섞는다.

겨자소스

재료 ─

연겨자 2와 1/3큰술,
꿀 2와 1/3큰술, 설탕 1/2컵,
식초 2/3컵

만들기

1 볼에 모든 재료를 넣고
거품기로 섞은 후
냉장고에서 30분간
숙성시킨다.

레몬 간장소스

키위소스

깻잎 생강소스

흑임자 잣소스

레몬 간장 소스

재료 — 레몬 1/2~1개, 양조간장 1컵,
설탕 1컵, 식초 1컵

만들기

1 레몬은 깨끗하게 씻은 후 껍질째
먹기 좋은 크기로 썬다.

2 냄비에 간장, 설탕을 넣고
중간 불에서 끓어오르면
불을 끈다. 식초를 넣고
레몬즙을 짠 후 건더기를
넣는다.

키위 소스

재료 — 키위 2개, 올리브유 1/3컵,
레몬즙 1/3컵, 꿀 1/2큰술,
설탕 1큰술, 소금 약간

만들기

1 키위는 껍질을 벗긴 후 강판이나
푸드프로세서에 곱게 간다.

2 볼에 모든 재료를 넣고 거품기로
섞는다.

깻잎 생강 소스

재료 — 깻잎 2장, 다진 생강 1큰술,
식초 1과 1/2큰술,
설탕 1작은술,
소금 1/4작은술

만들기

1 깻잎은 곱게 다진다.

2 볼에 모든 재료를 넣고 섞는다.

흑임자 잣 소스

재료 — 잣 1과 1/2컵, 검은깨 1큰술,
물 1과 1/4컵, 소금 1/5큰술

만들기

1 푸드프로세서에 잣, 검은깨,
물을 넣고 곱게 간 후 소금을
넣어 섞는다.

건강 주전부리

온 가족 함께 먹는
속이 편한 비건 간식

두부경단
레시피 196쪽

견과 쌀강정

레시피 197쪽

두부경단

만들기

1 찹쌀가루, 설탕, 소금을 섞어 체에 내린다. 두부는 사방 2cm 크기로 썬다.

2 ①의 가루에 두부를 넣고 섞어 두부의 물기가 흡수되도록 10분간 둔다.

😊 13~16개분

⏱ 30분~40분

재
료

- 찹쌀가루 150g(떡집용)
- 설탕 30g
- 소금 2g
- 두부 100g
- 식용유 3컵

집청
- 설탕 1/4컵
- 물 1/4컵
- 조청 300g
- 꿀 50g
- 얇게 썬 생강 10g

3 냄비에 집청 재료를 넣고 약한 불에서 저어가며 설탕이 녹을 때까지 끓여 끓어오르면 불을 끈다.

4 ②의 두부를 으깨가며 찹쌀가루와 섞어 치댄다. 15g씩 소분해 둥글게 빚은 후 손가락으로 가운데를 누른다.

5 냄비에 식용유를 넣고 180℃로 끓인다. 두부경단을 넣고 중간 불에서 튀겨 반죽이 떠오르면 건져서 집청을 골고루 묻힌다.
  • 대추꽃(17쪽), 잣, 해바라기씨 등으로 장식해요.

tip 쌀가루 알아보기 14쪽

견과 쌀강정

만들기

1 달군 팬에 시럽 재료를 넣고 약한 불에서 저어가며 끓여 끓어오르면
1분 30초~2분간 끓인다.

😊 12~15개분

🕐 10~20분

재
료

- 견과류 1/2컵(땅콩, 호두, 잣,
  해바라기씨 등)
- 쌀튀밥 3컵(30g)

시럽
- 설탕 1큰술
- 조청 1과 1/2큰술
- 물 1/2큰술
- 유자청 1/2큰술

2 다른 팬을 달군 후 견과류를 넣고
중약 불에서 3~4분간 볶는다.

3 쌀튀밥, ①의 시럽을 넣고
약한 불에서 한덩어리가 될 때까지
30초~1분간 볶는다.

4 한김 식힌 후 한입 크기로 모양을 만든다.

시금치증편
레시피 202쪽

결약과
레시피 200쪽

곶감떡

레시피 204쪽

결약과

 만들기

1 냄비에 시럽 재료를 넣고 설탕이 녹을 때까지 끓인다. 다른 냄비에 만든 시럽(30g), 나머지 집청 재료를 넣고 약한 불에서 저어가며 끓여 끓어오르면 불을 끈다.

2 밀가루, 소금, 후춧가루를 섞은 후 체에 내린다. 참기름을 넣고 골고루 비빈 후 다시 체에 내린다.

😊 32개분

⏱ 40~50분(+ 집청에 담가두기 2~3시간)

재
료

- 밀가루 중력분 300g
- 소금 2g
- 후춧가루 1g
- 참기름 50g
- 시럽 3과 1/2큰술(50g)
- 소주 6큰술(또는 청주)

시럽
- 설탕 1/4컵
- 물 1/4컵

집청
- 시럽 30g
- 조청 300g
- 꿀 50g
- 얇게 썬 생강 10g

3 ①의 남은 시럽(3과 1/2큰술), 소주(4큰술)를 넣고 결이 일어나도록 뭉치듯이 반죽한다.

4 밀대로 반죽을 0.5cm 두께로 밀어 편 후 소주(1/2큰술)를 바르고 다시 겹쳐서 민다. 이 과정을 4~5번 반복한다.

5 반죽을 1cm 두께로 편 후 2×3cm 크기로 썬다.
사진과 같이 포크로 찔러 구멍을 낸다.

6 냄비에 식용유를 넣고 낮은 온도(90℃)로 끓인다.
약과를 넣고 약한 불에서 13~15분간 튀겨 떠오르면 건진다.

7 식용유 온도를 180℃로 올린 후
튀긴 약과를 넣고 노릇하게
색이 나도록 한번 더 튀긴다.

8 약과를 집청에 담가 속까지
배도록 2~3시간 둔다.
• 마지막에 잣가루를 만들어 올려도
좋아요(17쪽).

시금치 증편

만들기

1 멥쌀가루는 체에 내린 후 소금을 넣고 섞는다.

2 물을 50℃로 따뜻하게 데운 후 볼에 3/4컵을 담는다. 설탕을 넣고 섞은 후 막걸리를 붓는다.

😊 8~10개분

⏱ 45~55분(+ 발효하기 6~7시간)

재
료

- 멥쌀가루 500g(떡집용)
- 소금 1/2큰술
- 따뜻한 물 3/4컵
- 설탕 1/2컵
- 막걸리 3/4컵
- 시금치가루 1g(또는 백년초가루, 단호박가루 등)
- 참기름 약간

장식
- 대추 2개
- 호박씨 1큰술
- 검은깨 1/2큰술

3 ①의 멥쌀가루에 ②를 붓는다.

4 멍울이 없도록 잘 섞는다.

5 큰 볼에 따뜻한 물(35℃)을 넣고 그 위에 ④의 볼을 올린 후 랩을 씌워 4시간 동안 1차 발효한다.

tip 쌀가루 알아보기 14쪽

6 1차 발효가 끝나면 잘 섞은 후 랩을 씌워 2시간 동안 2차 발효한다.

7 2차 발효가 끝나면 잘 섞은 후 시금치가루를 넣고 섞는다.

8 찜기에 증편틀(또는 미니 머핀틀)을 넣고 안쪽에 참기름을 얇게 바른다. 틀에 반죽을 80% 정도 붓고 15분간 발효한다.

9 반죽 위에 대추꽃(17쪽), 호박씨, 검은깨로 장식한다.

10 찜기에 김이 오르면 약한 불에서 5분, 센 불에서 10분, 다시 약한 불에서 5분간 찐 후 5분간 뜸을 들인다. 윗면에 참기름을 바른다.

(tip) 증편틀이나 머핀틀이 없을 경우 종이컵을 자른 후 코팅된 머핀 유산지를 넣어 사용해요.

곶감떡

1 멥쌀가루에 물(2큰술)을 넣고 섞은 후 체에 내린다.
  • 손으로 쥐었을 때 뭉쳐지는 정도면 적당해요. 잘 뭉쳐지지 않으면 물을 조금 더 넣으세요.

😊 4~5개분

⏰ 45~55분

재
료

• 멥쌀가루 2컵(떡집용)
• 물 2큰술
• 곶감 6~7개
• 호두 8~10알
• 볶은 콩가루 1/2컵(또는 카스텔라가루)

2 곶감(2개)은 씨를 제거하고 1×1cm 크기로 썬 후 ①의 멥쌀가루에 넣고 섞는다.

3 찜기에 젖은 면포를 깔고 ②를 펼쳐 넣는다. 찜냄비를 센 불에서 끓여 김이 오르면 찜기를 올려 15분간 찐다.

4 곶감(4~5개)은 반으로 갈라 펼친 후 씨를 제거한다.

ⓣⓘⓟ 볶은 콩가루 대신 카스텔라를 곱게 갈거나 체에 내려서 사용해도 좋아요.

5 펼친 곶감에 호두를 2알씩 넣고 돌돌 만다.　　**6** 볼에 ③을 담고 밀대로 찧는다.

7 ⑤의 곶감말이를 떡반죽으로 감싸 동그랗게 만든다.

8 떡의 겉면에 볶은 콩가루를 묻힌다.

　• 곶감 꼭지를 꽂아 장식해도 좋아요.

채소 보양식

기운이 펄펄 원기회복한 그릇

버섯 콩나물국
레시피 208쪽

머위 들깨탕
레시피 209쪽

버섯 콩나물 국

만들기

1 냄비에 채수 재료를 넣고 센 불에서 끓어오르면 다시마를 건진다.
약한 불로 줄여 10분간 더 끓인 후 나머지 건더기를 건진다.
• 표고버섯은 따로 덜어둬요.

😊 2~3인분

⏱ 25~30분

재
료

• 무 150g
• 콩나물 2줌(100g)
• 참기름 1큰술
• 국간장 1큰술
• 소금 1작은술

채수
• 물 10컵(2ℓ)
• 슬라이스 건표고버섯 1컵
  (또는 말린 표고버섯 4~6개)
• 다시마 5×5cm 5장
• 건고추 2개
• 생강 1톨(마늘 크기)

2 무는 연필을 깎듯이 빗겨 썬다.

3 달군 냄비에 참기름을 두르고
무, 콩나물을 넣어 센 불에서
1~2분간 볶는다.

4 채수(5컵), 채수의 표고버섯을 넣고 센 불에서 10분간 끓인 후
국간장, 소금을 넣고 1분간 끓인다.

머위들깨탕

독소 배출
기력 회복

만들기

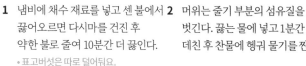

1 냄비에 채수 재료를 넣고 센 불에서
끓어오르면 다시마를 건진 후
약한 불로 줄여 10분간 더 끓인다.
• 표고버섯은 따로 덜어둬요.

2 머위는 줄기 부분의 섬유질을
벗긴다. 끓는 물에 넣고 1분간
데친 후 찬물에 헹궈 물기를 짠다.

😊 2~3인분

🕐 30~35분

재
료

• 머위 2줌(200g)
• 느타리버섯 2줌(100g)
• 들기름 1큰술
• 국간장 2큰술
• 들깻가루 1컵
• 찹쌀가루 2큰술
• 소금 1/2작은술

채수
• 물 7컵(1.4ℓ)
• 슬라이스 건표고버섯 2/3컵
  (또는 말린 표고버섯 3~5개)
• 다시마 5×5cm 5장

3 머위는 먹기 좋은 크기로 썰고,
느타리버섯은 손으로 찢는다.

4 냄비에 들기름, 국간장, 머위,
느타리버섯을 넣고 센 불에서
1분간 볶은 후 채수(4컵),
들깻가루를 넣고 10분간 끓인다.

5 채수(1컵)에 찹쌀가루를 넣고 섞은 후 ④의 냄비에 붓고 3분간 더 끓인다.
소금으로 부족한 간을 더한다.

모둠 버섯전골

레시피 212쪽

사찰식 보양탕
레시피 214쪽

늙은호박 수제비
레시피 213쪽

모둠 버섯 전골

면역력 증진

😊 3~4인분

⏱ 25~35분

재료

- 두부 1/2모(150g)
- 알배기배추 4장
- 미나리 1줌(50g)
- 양송이버섯 3개(60g)
- 표고버섯 3개(75g)
- 느타리버섯 2줌(100g)
- 목이버섯 1줌(50g)
- 무 지름 10cm 두께 1cm(100g)
- 당근 1/7개(30g)
- 홍고추 1/2개
- 청고추 1/2개
- 쑥갓 1/2줌(25g)
- 국간장 1큰술
- 소금 1작은술

채수
- 물 7컵(1.4ℓ)
- 슬라이스 건표고버섯 2/3컵
  (또는 말린 표고버섯 3~5개)
- 다시마 5×5cm 5장

만들기

1 냄비에 채수 재료를 넣고 센 불에서 끓어오르면 다시마를 건진다. 약한 불로 줄여 10분간 더 끓인 후 나머지 건더기를 건진다. 국간장, 소금을 넣고 섞는다.

2 두부는 1cm 두께로 썰고, 알배기배추, 미나리는 먹기 좋은 크기로 썬다.

3 양송이버섯, 밑동 뗀 표고버섯은 0.3cm 두께로 썬다. 느타리버섯, 목이버섯은 먹기 좋은 크기로 찢는다.

4 무, 당근은 먹기 좋게 나박 썰고, 홍고추, 청고추는 어슷 썬다.

5 냄비에 모든 재료를 돌려 담은 후 채수(5컵), 쑥갓을 넣고 끓여가며 먹는다.

늙은호박 수제비

부기 완화 항산화

만들기

1 냄비에 채수 재료를 넣고 센 불에서 끓어오르면 다시마를 건진다. 약한 불로 줄여 10분간 더 끓인 후 나머지 건더기를 건진다.

2 볼에 수제비 반죽 재료를 넣고 치댄다.

☺ 2~3인분

⏱ 45~50분

재료

• 늙은호박 1/8개(600g, 또는 애호박)
• 들기름 2큰술
• 국간장 2큰술
• 소금 약간

채수
• 물 7컵(1.4ℓ)
• 슬라이스 건표고버섯 2/3컵
  (또는 말린 표고버섯 3~5개)
• 다시마 5×5cm 5장

수제비 반죽
• 밀가루 1과 1/2컵
• 물 3/5컵(120㎖)
• 소금 약간

3 늙은호박은 껍질을 벗기고 0.5cm 두께로 썬다.

4 냄비에 들기름, 늙은호박을 넣고 중간 불에서 2분간 볶은 후 채수(6컵)를 붓고 15분간 끓인다.

5 호박이 물러지면 수제비 반죽을 한입 크기로 뜯어 넣고 5분간 끓인다. 국간장, 소금을 넣고 2분간 더 끓인다.

사찰식 보양탕

⊙ 2~3인분

🕐 35~45분

재료

- 참나물 1줌(50g, 또는 취나물)
- 삶은 토란대(50g, 또는 삶은 고사리)
- 느타리버섯 1줌(50g)
- 단호박 1쪽(50g)
- 깐밤 2~3개
- 은행 5개
- 호두 3개
- 잣 1큰술
- 식용유 1큰술
- 들기름 2큰술
- 들깻가루 3큰술
- 쌀가루 1큰술
- 국간장 1큰술
- 소금 약간

채수
- 물 7컵(1.4ℓ)
- 슬라이스 건표고버섯 2/3컵
  (또는 말린 표고버섯 3~5개)
- 다시마 5×5cm 5장

참나물 양념
- 참기름 1작은술
- 소금 약간

만들기

1 냄비에 채수 재료를 넣고 센 불에서 끓어오르면 다시마를 건진 후 약한 불로 줄여 10분간 더 끓인다.
   • 표고버섯은 따로 덜어둬요.

2 삶은 토란대는 3cm 길이로 썰고, 느타리버섯은 먹기 좋은 크기로 찢는다.

3 단호박, 밤은 사방 1cm 크기로 썬다.

4 달군 팬에 식용유, 은행을 넣고 중간 불에서 2~3분간 볶은 후 키친타월로 비벼 껍질을 벗긴다.

5 끓는 물에 참나물을 넣고 30초간 데친 후 찬물에 헹궈 물기를 짠다. 참나물 양념 재료를 넣고 무친다.

6 냄비에 들기름, 토란대, 채수의
표고버섯을 넣고 약한 불에서
2~3분간 볶는다. 느타리, 단호박,
밤을 넣고 3분간 더 볶은 후
채수(2와 1/2컵)를 붓는다.

7 센 불에서 끓어오르면 은행, 호두,
잣을 넣고 끓여 다시 끓어오르면
불을 끈다.

8 채수(1/2컵)에 들깻가루, 쌀가루를 섞어서 붓고 센 불에서 5~6분간 끓인
후 국간장, 소금을 넣고 1분간 끓인다. 그릇에 담고 참나물을 올린다.

주재료별 메뉴 찾기

< 채식이 맛있어지는 우리집 사찰음식 >

정재덕 지음 / 308쪽

몸과 마음을 편안하게 하는
쉽고 맛있는 가정식 사찰음식

☑ 일품요리, 한그릇 식사, 반찬과 국물요리,
   건강한 주전부리 등 풍성한 163가지 레시피

☑ 오신채를 사용하지 않고 제철 재료로 만들어
   몸과 마음이 편안해지는 건강밥상

☑ 친숙한 식재료와 기본 양념, 2~4인 가족에 맞춘
   정확한 가정식 레시피를 개발, 검증

☑ 건강을 위한 칼로리 조절, 체중 조절하는 분을
   위해 각 요리마다 1인분 열량 소개

> "사찰음식이라 자연식을
> 모토로 하고 있어
> 저칼로리, 건강식, 아이디어, 맛까지
> 다 갖춘, 먹는 즐거움과
> 보는 즐거움을 안겨 주는
> 요리책이에요.
>
> – 온라인 서점 예스24
> t****o 독자님 –

< 채식 연습 > 이현주 지음 / 224쪽

천천히 즐기면서 채식과 친해지려는 당신을 위한 채식 연습 가이드

☑ 한그릇 밥과 면부터 죽과 수프, 샌드위치와 샐러드, 브런치, 건강음료까지 100여 가지의 채식 메뉴

☑ 20년째 채식을 실천하고 있는 채식한약사이자 환경운동가인 저자의 폭넓은 내용과 채식 레시피

☑ 상황별, 증상별 다양한 채식 레시피로 새롭고, 맛있고, 아름다운 채식을 풍부하게 소개

< 홀그레인 채소 요리 > 베지어클락 김문정 지음 / 176쪽

매일 즐겁게 지속 가능한 맛도 영양도 부족함 없는 완성형 채식

☑ 통곡물로 만드는 음료부터 수프, 밥, 면, 빵, 그라탱과 일품요리, 사이드디시 등 60가지 채소 요리

☑ 7가지 통곡물로 영양, 맛, 식감을, 슈퍼푸드, 씨앗류, 견과류, 콩류로 풍성함을 더한 메뉴들

☑ 채소 본연의 맛을 살리면서 남녀노소 입맛을 사로잡는 양념과 소스 비법 공개

〈 월간 채소 〉베지따블 송지현 지음 / 240쪽

1년 내내 곁에 두고 활용하는 채소 미식가의 열두 달 채소요리

☑ 색다르면서도 친숙한 한식부터 일식, 양식에 이르기까지 신新박한 채소요리 101가지

☑ 계절에서 한걸음 더 들어가 월별 추천 제철 채소와 요리를 소개한 책

☑ 절임, 장아찌, 건조, 냉동 등 제철 채소를 오래 저장하는 정보 수록

매일 만들어 먹고 싶은

비건·한식

1판 1쇄 펴낸 날	2023년 1월 10일
1판 2쇄 펴낸 날	2024년 2월 7일

편집장	김상애
편집	고영아
레시피 검증	정민(정민쿠킹스튜디오)
디자인	임재경
사진	이보영(Studio roc)
스타일링	김주연(u r today 어시스턴트 박제희)
기획 · 마케팅	정남영 · 엄지혜

편집주간	박성주
펴낸이	조준일

펴낸곳	(주)레시피팩토리
주소	서울특별시 용산구 한강대로 95 래미안용산더센트럴 A동 509호
대표번호	02-534-7011
팩스	02-6969-5100
홈페이지	www.recipefactory.co.kr
애독자 카페	cafe.naver.com/superecipe
출판신고	2009년 1월 28일 제25100-2009-000038호

제작 · 인쇄	(주)대한프린테크

값 18,700원

ISBN 979-11-92366-16-6